U0389478

味道：名厨世家的日常美食

李胤萱·著

吉林科学技术出版社

图书在版编目（C I P）数据

味道 : 名厨世家的日常美食 / 李胤萱著. -- 长春 : 吉林科学技术出版社, 2018.6
ISBN 978-7-5578-3970-3

Ⅰ. ①味… Ⅱ. ①李… Ⅲ. ①家常菜肴－菜谱 Ⅳ. ①TS972.127

中国版本图书馆CIP数据核字(2018)第073728号

味道：名厨世家的日常美食

WEIDAO：MINGCHU SHIJIA DE RICHANG MEISHI

著 李胤萱
出版人 李 梁
责任编辑 端金香
封面设计 深圳市金版文化发展股份有限公司
制 版 深圳市金版文化发展股份有限公司
开 本 720 mm×990 mm 1/16
字 数 150千字
印 张 10
印 数 1-7000册
版 次 2018年6月第1版
印 次 2018年6月第1次印刷
出 版 吉林科学技术出版社
发 行 吉林科学技术出版社
地 址 长春市人民大街4646号
邮 编 130021
发行部电话/传真 0431-85635176 85651759 85635177
85651628 85652585
储运部电话 0431-86059116
编辑部电话 0431-85677819
网 址 www.jlstp.net
印 刷 长春新华印刷集团有限公司
书 号 ISBN 978-7-5578-3970-3
定 价 49.90
如有印装质量问题可寄出版社调换

作者序

这本书很好吃，还不难做

小时候，经常听家里人提起给国家领导人做后厨掌勺的爷爷。那时候因为原料有限，爷爷练就了一手把很简单的食材做得好吃的本事，有一次居然用树叶做了一道仿真红烧肉，那味道父亲至今都忘不了。如果要有“私家秘制”的评选，老爷子的拿手菜应该都能上榜吧。父亲继承了爷爷的手艺，能把最常见的家常菜做得总有那么点儿不一样。所谓“治大国，若烹小鲜”，这小鲜之味，才是最奇妙的滋味。

而我，幸运地继承了“烹小鲜”的基因，喜欢把家常的小菜儿琢磨出些锦上添花的好味儿。所以，这本书的写作初衷，是想把那些大部分人能学会又有点儿不同的小味道写进来。

比如书里有道“虾皮拌面”，只花3分钟就能做好拌面卤。最常见的调味料，却能吃出海鲜面的味道。就是这样一款家常小面，先生每次都可以吃光两大碗。

“熏鱼”似乎是只有在饭店才能吃到的大菜，但其实在家也可以任性地熏出你想熏出的味道。写这本书的时候，正值秋季，所以我在楼下花园揪了一把松针，熏了一份带着松针味儿的鱼。要是初夏的话，我大概会熏一盘茉莉花味儿的吧。

美食不仅仅可以用来果腹，更保留了一份家的温暖。用心烹煮美食，即便朴素，也可以美味。下厨人的一份小心思，在味蕾中都是大体验，让人温暖、念念不忘。

目/录 CONTENTS

Part 1　早餐真的太重要了

Part 2　简食教室：懒人美味汤羹和面条

Part 3 小食下酒，能饮一杯无

Part 4 美好如素，清欢有味

Part 5 幸福就是大口吃肉

Part 1

早餐真的太重要了

一日之计在于晨。
早晨醒来的瞬间，
沉睡一晚的食欲也同时被唤醒了。
这时来一顿足以饱腹的早餐，
很有必要！

土豆泥沙拉

洋芋粑粑。洋芋学名马铃薯，山西、内蒙古叫山药蛋，东北、河北叫土豆，上海叫洋山芋，云南叫洋芋。洋芋煮烂，捣碎，入花椒盐、葱花，于铁勺中按扁，放在油锅里炸片时，勺底洋芋微脆，粑粑即漂起，捞出，即可拈吃。这是小学生爱吃的零食，我这个大学生也爱吃。

——节选自汪曾祺《点心和小吃》

无论是洋芋粑粑，还是土豆泥，其精髓都在于酥软香糯的口感。土豆的高淀粉含量造就了其酥糯的口感和简单的味道，这些特点足以奠定土豆在一系列早餐食材中的地位。这道土豆泥沙拉融合了土豆香糯的口感和黄瓜的清新之味，两者相得益彰，给你一个元气满满的早晨。

——Monica

材料

土豆500克，黄瓜1根，沙拉酱、葡萄干各适量，盐3克，白糖6克。

制作过程

1. 土豆洗净后去皮，切成小块，上锅隔水蒸15～20分钟。
2. 黄瓜洗净，用礤板擦成薄片，加入盐和白糖杀水备用。
3. 蒸软的土豆碾碎成泥，稍凉片刻；杀好水的黄瓜片清洗几遍，沥干水分后放入土豆泥中，搅拌均匀。
4. 根据个人喜好放入适量沙拉酱搅拌均匀，然后捏成若干个小圆团子，放上葡萄干进行装饰，摆入盘中。

自制杂粮煎饼

五代杨凝式是由唐代的颜柳欧褚到宋四家苏黄米蔡之间的一个过渡人物。我很喜欢他的字，尤其是《韭花帖》。不但字写得好，文章也极有风致。文不长，录如下：

昼寝乍兴，朝饥正甚，忽蒙简翰，猥赐盘飧。当一叶报秋之初，乃韭花逞味之始。助其肥羜（zhù，音柱）实谓珍羞。充腹之余，铭肌载切，谨修状陈谢，伏维鉴察，谨状。

使我兴奋的是：

一、韭花见于法帖，此为第一次，也许是唯一的一次。此帖即以“韭花”名，且文字完整，全篇可读，读之如今人语，至为亲切。我读书少，觉韭花见之于“文学作品”，这也是头一回。韭菜花这样的咢说极平常，但极有味的东西，是应该出现在文学作品里的。

二、杨凝式是梁、唐、晋、汉、周五朝元老，官至太子太保，是个“高干”，但是收到朋友赠送的一点韭菜花，却是那样的感激，正儿八经地写了一封信（杨凝式多作草书，黄山谷说：“谁知洛阳杨风子，下笔便到乌丝阑。”《韭花帖》却是行楷），这使我们想到这位太保在口味上和老百姓的离脱不大。彼时亲友之间的馈赠，也不过是韭菜花这样的东西。今天，恐怕是不行的了。

三、这韭菜花不知道是怎样做成的，是清炒的，还是腌制的？但是看起来是配着羊肉一起吃的。“助其肥羜”，“羜”是出生五个月的小羊，杨凝式所吃的未必真是五个月的羊羔子，只是因为《诗·小雅·伐木》有“既有肥羜”的成句，就借用了吧。但是以韭花与羊肉同食，却是可以肯定的。北京现在吃涮羊肉，缺不了韭菜花。杨凝式是陕西人，以韭菜花蘸羊肉吃，始于中国西北诸省。

——节选自汪曾祺《韭菜花》

韭菜花作为韭菜的花茎，在保留其“味重”特点的同时，还具有生津开胃、增强食欲、促进消化等功效。用韭菜花制作杂粮煎饼，保留了煎饼的葱香，又多了份味觉的刺激，而这份刺激并不让人觉得不适，反而会带来极佳的味觉体验。

——Monica

材料

普通面粉100克，玉米面50克，鸡蛋2个，韭菜花、香菜末、辣椒酱、腐乳汁、芝麻、食用油各适量。

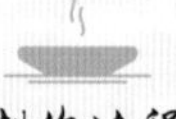

制作过程

1. 普通面粉、玉米面混合，加入360毫升清水，搅匀成面糊。
2. 不粘平底锅涂一层薄薄的底油。
3. 冷锅冷油，加入一大勺调好的面糊，用铲子或勺子背面摊开铺匀。
4. 中小火，待面糊稍微变色，打入一个鸡蛋，同样用勺背铺开。
5. 趁鸡蛋液尚未凝固，撒上韭菜花和香菜末，待饼边缘稍稍翘起，借助铲子翻面。
6. 转小火，在面饼上刷上辣椒酱和腐乳汁，撒一些芝麻，将面饼卷起，从中间切断，一分为二即可。

老北京芝麻酱糖饼

说起烙饼，花样也不少，以用具说分支炉烙、铛烙两种。

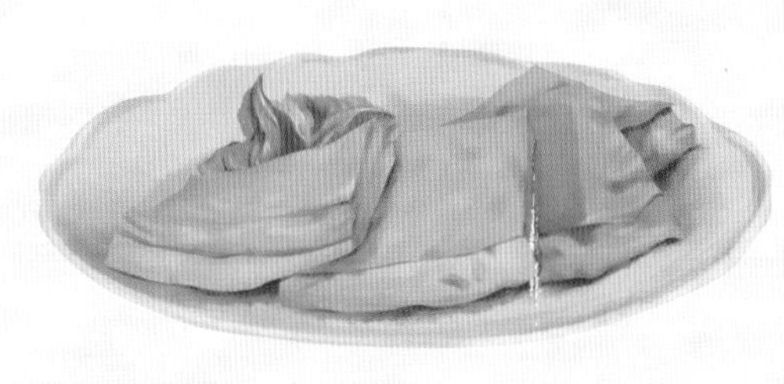

支炉是北平一种特产，出在京西斋堂。北平人熬粥用砂锅，煎药用薄砂吊儿，烙饼用支炉，都是小贩在斋堂趸到北平来卖的。支炉像一只圆锅，圆径大约一尺三四，翻过来正好扣在煤球炉子上，上面全是窟窿眼儿，火苗子就刚刚蹿进洞眼儿，所以烙出来的饼有一个一个小焦点。这种饼香脆松焦，因为用油极少，爽而不腻。

北方人虽然爱吃支炉烙饼，可是南方朋友多半嫌它干硬滞喉。此外家常饼、薄饼、葱油饼、一窝丝发面饼，在台湾，现在只要是北方饭馆，大概都会做，而且做得都不错。

另外还有两种饼叫葱花饼、芝麻酱糖饼，在大陆差不多的人家都会做，可是总也比不上蒸锅铺烙得好吃。蒸锅铺又叫切面铺，除了卖各种粗细宽窄面条之外，同时卖花卷、大小馒头。这种铺子早年以卖蒸食为主，北平住家办丧事放焰口，和尚用的护食也由蒸锅铺承应，所以又叫蒸锅铺，后来加上卖切面，才叫切面铺。他们烙的葱花饼跟现在饭馆烙的葱油饼的不同之处，是松而不焦，润而不腻，有菜吃也好，没菜吃也妙。另一种芝麻酱糖饼松美柔酾，蜜渍香甜，我想凡是现在台湾北平老乡回想蒸锅铺葱花饼、芝麻酱糖饼是什么滋味，大概都不禁有点莼菜鲈鱼之思吧！

——节选自唐鲁孙《北平人的三大主食》

烙饼的种类花样繁多，味道口感也不尽相同。有人独爱香脆酥松的煎饼，也有人偏爱香滑润口的葱油饼。而这款老北京芝麻酱糖饼既有煎饼的酥松柔美，又有葱油饼的香甜润口。对我而言，老北京芝麻酱糖饼不仅仅是一份简单的美食，更多是童年的美好记忆和日思夜想的熟悉味道。

——Monica

材料

面粉550克，红糖50克，芝麻酱50克，食用油适量，芝麻油15毫升。

制作过程

1. 取500克面粉，分多次加入35℃的温水，边加水边搅拌，制成面团。
2. 和好的面团放入盆中，表面抹上一层食用油，免得变干起鳞，放置一旁醒发20分钟，至面团表面光滑。
3. 剩余的面粉与红糖、芝麻酱、芝麻油混合，加入食用油拌匀，制成馅料；取出面团，分割成若干个小面团，将小面团擀开，放入馅料，抹匀。
4. 从面团的边缘一点点卷起封口，卷好后用擀面杖擀成圆饼状，放入饼铛中。在锅的底部刷油，上层暂不刷油，双面翻转，烙熟即可。

厨房笔记

馅料用油拌开，而不用水，或者直接放入饼中，一是为了避免红糖结块，化不开，影响口感，二是为了饼能够很好地起酥起层。

蔬菜鸡蛋饼

如果做家常饼，手续最简单。家常饼是薄薄的，里面的层次也不需太多，表面上更不需刷油，烙出来白磁糊裂的，只要相当软和就成。

在北平懒婆娘自己不动手，可以到胡同口外蒸锅铺油盐店之类的地方去定制，论斤卖。一斤面大概可以烙不大不小的四张。北方人贫苦，如果有两张家常饼，配上一盘摊鸡蛋（鸡蛋要摊成直径和饼一样大的两片），把蛋放在饼上，卷起来，竖立之，双手扶着，张开大嘴，左一口、右一口，中间再一口，那简直是无与伦比的一顿丰盛大餐。

——节选自梁实秋《烙饼》

如果家里有个不爱吃菜的娃，这个鸡蛋饼便是一个不错的选择。可以把蔬菜剁碎加入其中，让挑食的宝宝无法挑剔。

——Monica

材料

鸡蛋3个，面粉70克，蔬菜碎300克，盐1克，白胡椒粉少许，食用油适量。

制作过程

1. 鸡蛋打散，加入盐和少许白胡椒粉拌匀。
2. 面粉加入打散的鸡蛋中，搅拌至无颗粒后，将备好的蔬菜碎加入其中拌匀，制成面糊。
3. 平底锅内放入底油抹匀，将面糊舀入平底锅中，小火加热至四周凝固，这个时候蛋面底部基本定形。
4. 蛋饼翻面后，小火继续加热1分钟即可。

黄金蛋炒饭

中国人做米饭的量并不总是刚好够一餐吃的，通常会有些剩饭，这些剩饭可以加一点水再蒸或再煮，然后变得像新做的一样好，甚至更好，如果第一次烹制时没熟透的话。最受欢迎的利用剩饭之法是加入其他食材一起炒，典型的做法就是加鸡蛋。事实上，我们很少仅仅为了做各式炒饭而新煮米饭，尽管就像三丝汤一样，我们在新煮米饭时，常希望能剩些米饭用来炒饭。

——节选自杨步伟《蛋炒饭》

如果你问我，学生时代印象最深刻的早餐是什么？我会毫不犹豫地回答是蛋炒饭。记忆中，早上总是爱赖床，每次急急忙忙梳洗完就看到餐桌上放着一盘冒着热气的蛋炒饭，腾起的热气夹杂着葱花的香味。那时候总是匆忙扒两口蛋炒饭就飞奔出家门，而现在却开始慢慢怀念那时候的味道。

——Monica

材料

隔夜饭500克，鸡蛋3个，干紫菜15克，食用油、香葱末、鸡精、盐各适量。

制作过程

1. 鸡蛋的蛋清、蛋黄分离，放入不同的容器中，备用。
2. 隔夜饭打散，分次加入鸡蛋黄拌匀，以碗中蛋黄完全吸收为准，不要有多余蛋黄液，这样炒出来的米饭才会粒粒分明。
3. 热锅内注入适量食用油烧热后，加入香葱末爆香，放入米饭，用大火急炒。
4. 关火前，放入干紫菜提鲜，加入蛋清，略微搅拌后关火，加入鸡精和盐搅匀即可。

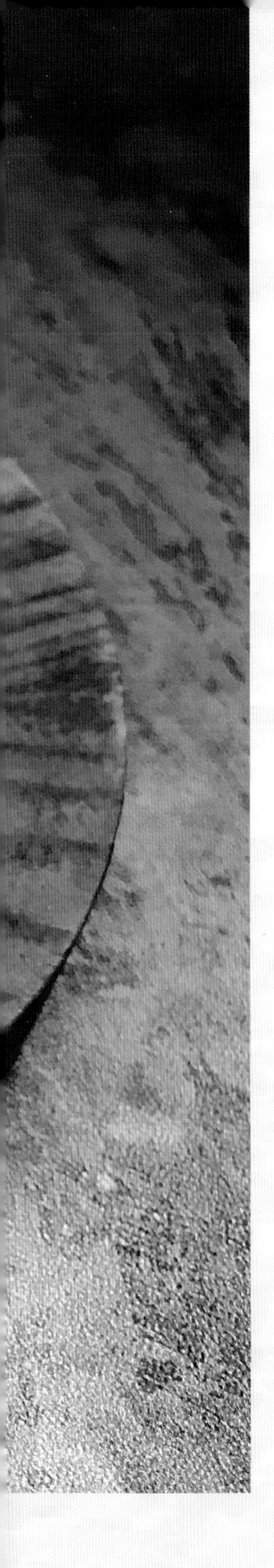

口袋饼

茶饭店里可以吃到一种甜烧饼（muffin）和窝儿饼（crumpet）。甜烧饼仿佛我们的火烧，但是没馅儿，软软的，略有甜味，好像掺了米粉做的。窝儿饼面上有好些小窝窝儿，像蜂房，比较地薄，也像掺了米粉。这两样大约都是法国来的；但甜烧饼来得早，至少二百年前就有了。

厨师多住在祝来巷（Drury Lane），就是那著名的戏园子的地方；从前用盘子顶在头上卖，手里摇着铃子。那时节人家都爱吃，买了来，多多抹上黄油，在客厅或饭厅壁炉上烤得热辣辣的，让油都浸进去，一口咬下来，要不沾到两边口角上。这种偷闲的生活是很有意思的。

但是后来的窝儿饼浸油更容易、更香，又不太厚、太软，有咬嚼些，样式也颇俏；人们渐渐地喜欢它，就少买那甜烧饼了。

一位女士看了这种光景，心下难过；便写信给《泰晤士报》，为甜烧饼抱不平。《泰晤士报》特地做了一篇小社论，劝人吃甜烧饼以存古风；但对于那位女士所说的窝儿饼的坏话，却宁愿存而不论，大约那论者也是爱吃窝儿饼的。

复活节（三月）时候，人家吃煎饼（pancake），茶饭店里也卖；这原是忏悔节（二月底）忏悔人晚饭后去教堂之前吃了好熬饿的，现在却在早晨吃了。饼薄而脆，微甜。北平中原公司卖的"胖开克"（煎饼的音译）却未免太"胖"，而且软了。

说到煎饼，想起一件事来：美国麻省勃克夏地方（Berkshire Country）有"吃煎饼竞争"的风俗，据《泰晤士报》说，一九三二年的优胜者一气吃下四十二张饼，还有腊肠热咖啡。这可算"真正大肚皮"了。

——节选自朱自清《吃的》

第一次尝到口袋饼，真是被口袋饼的味道惊艳到了，它不像烧饼那样薄脆，又不似面饼那样软厚，总是有它说不清道不明的特点，只有亲自尝尝，才能体会个中滋味。

——Monica

材料

面粉500克，红尖椒、食用油各适量。

制作过程

1. 在面粉中分3次加入总计220毫升的热开水，慢慢和面，在和好的面团顶层抹一层油，凉凉。
2. 面团切成小剂子，再用擀面杖擀成较薄的面皮。
3. 在面皮中心抹上少许油，涂成油心，包成空心包子，轻压后擀一下，制成口袋饼生坯。
4. 锅内不用放油，口袋饼生坯烙熟后，平放在案板上，平切开一道口子，放入洗净的红尖椒即可。

厨房笔记

和面时应用热水，并且分3次加入，慢慢和面，这样和出的面团才均匀柔软。除了尖椒，还可以在口袋饼中放入其他自己喜欢的馅料。

蜜汁馒头片

南方人到北京来，叫人去买几个肉馒头，这便成了难问题了。北方称有馅的为包子，馒头乃是实心的，现在叫他买有馅的实心馒头，有如日本照《孟子》例称热水曰汤，冷水曰水，留学生叫公寓的人拿热的冷水来一样的，一时有点想不通，没法子办了。但是仔细想起来，肉馒头这句话并没有错，因为古时候馒头是可以有馅的。

——节选自周作人《馒头》

这份带着蜜汁的馒头，胜在那味“汁”，它是我去过的一家麻辣烫店的镇店之宝，第一次吃就觉得非常喜欢，连续点了两份。

凭借着对那味道的记忆，在脑子里不断搜索、锁定调配的酱料，回来后试验，居然成了。分享出来，大伙可以给自己的主食菜单上再加个选择。

——Monica

材料

馒头1个，红腐乳1块，叉烧酱5克，蜂蜜5克，香葱、白芝麻、食用油各适量。

制作过程

1. 馒头切成厚度约1.3厘米的片状，备用。
2. 红腐乳、叉烧酱、蜂蜜混合调匀，如果比较稠，可以点入少量清水，制成酱料。
3. 在馒头表面稍稍扫一层油，放入平底锅，双面煎至略微焦黄。
4. 关火，单面刷酱，撒一些白芝麻和香葱，用锅内余温熏一下，盛盘即可。

厨房笔记

如果选用不粘锅又不太喜油，在煎馒头片时也可以不刷油，不过口感会略有些干。

白菜香饼

烙饼的锅曰铛，在这里音撑，差亨切，阴平声。铛是铁打的，相当的厚重，不容易烧热，可是烧热了也不容易凉，最适宜于烙饼。洋式的带柄的平底锅，也可以用来烙饼，而且小巧灵便，但是铝合金制的锅究竟传热太快冷却也太快，控制温度麻烦，不及我们的铛。

烙饼需要和面。和面不简单。没有触摸过白案子，初次和面，大概会弄得一塌糊涂，无有是处。烙饼需用热水和面，不是滚开的沸水，沸水和面就变成烫面了。用热水和面是取其和出来软。和好了面不能立刻烙，要容它“醒”一段时间。这段时间可长可短，看情形而定。

——节选自梁实秋《烙饼》

材料

面粉500克，白菜500克，鸡蛋2个，浓汤宝1块，木耳、泡发香菇、胡萝卜、食用油、芝麻油、蚝油、葱姜末、盐各适量。

制作过程

1. 面粉倒入碗中，分多次向里面加入35℃的温水，边加水边搅和，将面粉揉捏成团。和好的面放在盆中，表面抹上一层食用油，免得变干起鳞，醒发20分钟至面团表面光滑。

2. 白菜切碎，加入适量盐，待白菜杀出水后，攥干备用；胡萝卜刮成丝，入锅煸炒片刻；木耳、香菇剁碎；鸡蛋打散，炒熟备用。

3. 浓汤宝化开，加入芝麻油、蚝油、葱姜末，将熟鸡蛋、白菜碎、胡萝卜丝、木耳碎和香菇碎加入酱料里，搅拌均匀，制成馅料。

4. 面团分成适当大小的小面团，压成面饼，取适量馅料包入其中，制成馅饼生坯，放入饼铛中，烘烤至两面焦黄即可。

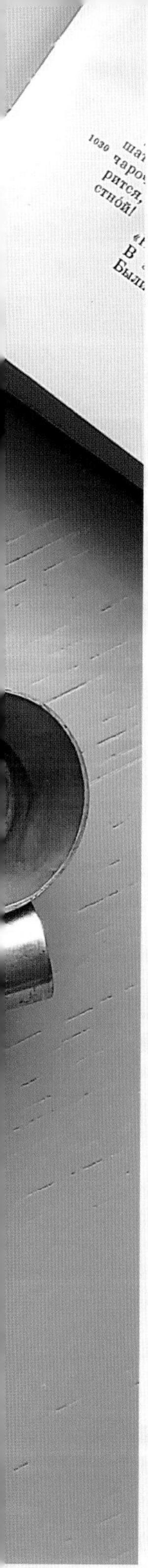

孜然炒馒头

萨其马、小炸食、勒特条、火纸筒都是满洲点心中比较特殊的。先拿萨其马来说吧，真正的萨其马有一种馨逸的乳香，黏不粘牙，软不散碎，可以掰开往嘴里送，不像台湾市面卖的巨型广式萨其马，又大又厚，拿在手里，好像猴儿吃麻核桃，有不知道从哪里下嘴的感觉。有一种油炸硬邦邦的，吃的时候一不小心，能把胸膛蹭破。

小炸食是清代祭堂子的主要克食，有小馒头、小排叉、小蚌壳、螺蛳壳、小花鼓，大概不同种类有十多种，都只有拇指大小，完全用手工捏成，油足工细，是满洲高级甜点。据说每种式样，各有不同说词，不过饽饽铺的人，已经说不上它的来龙去脉了。

——节选自唐鲁孙《北京的饽饽铺》

馒头的吃法多种多样，唐先生和汪先生说的就有炸馒头和白面馒头，但是我所用的馒头和唐先生笔下的馒头是不一样的，是实心的。说起这道菜，还是因为冰箱里只剩下一个馒头可以作为早餐。我寻思到底怎么才能把仅有的一个馒头弄出味道，于是这款孜然炒馒头就诞生了。

——Monica

材料

馒头1个，鸡蛋2个，盐、孜然粒、孜然粉、辣椒粉、葱花、食用油各适量。

制作过程

1. 馒头切丁备用。
2. 鸡蛋打散，加入少许盐、孜然粉、葱花，拌匀。
3. 馒头丁放入拌好的鸡蛋液中，裹一层蛋液，备用。
4. 平底锅放油，建议油量略微多一点点，将馒头放入锅中充分翻炒，根据自己口味撒上孜然粒、辣椒粉即可。

幸福蜜语

馒头也可以做出区别于平常的味道，想偷懒的时候不妨尝试一下这道美味吧！

炒饼

郝有才干了一件稀罕事。他对他们家附近的烧饼、焦圈做了一次周密的调查研究。

他早点爱吃个芝麻烧饼夹焦圈。他家在西河沿。他曾骑车西至牛街，东至珠市口，把这段路上每家卖烧饼圈的铺子都走遍，每一家买两个烧饼、两个焦圈，回家用戥子一一约过。经过细品，得出结论：以陕西巷口大庆和的质量最高。烧饼分量足，焦圈炸得透。

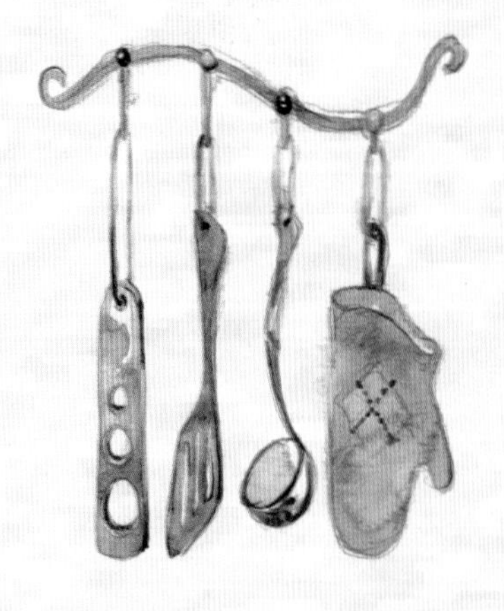

他把这结论公诸于众，并买了几套大庆和的烧饼、焦圈，请大家品尝。大家嚼食之后，一致同意他的结论。于是纷纷托他代买。他也乐于跑这个小腿。好在西河沿离陕西巷不远，骑车十分钟就到了。他的这一番调查给大家留下深刻印象，因为别人都没有想到。

剧团外出，他不吃团里的食堂。每次都是烙了几十张烙饼，用包袱皮一包，带着。另外带了好些卤虾酱、韭菜花、臭豆腐、青椒糊、豆儿酱、芥菜疙瘩、小酱萝卜，瓶瓶罐罐，丁零当啷。他就用这些小菜就干烙饼。

一到烙饼吃完，他就想家了，想北京，想北京的“吃儿”。他说，在北京，哪怕就是虾米皮熬白菜，也比外地的香。“为什么呢？因为，——五味神在北京！”“五味神”是什么神？至今尚未有人考证过，不见于载籍。

——节选自汪曾祺《讲用》

炒饼，北方地区主食的一种，炒饼做法是将熟饼切成细条或丝状，然后加油爆炒而成。第一次尝到炒饼就觉得自己一定要尝试做这道菜，一是它既有面饼的面香，又有炒制的酱味，二是无论炒饼作为主食还作菜都十分合适。

——Monica

材料

饼丝350克，卷心菜1/4棵，肉丝20克，蒜末5克，米醋5毫升，生抽5毫升，老抽2毫升，玉米淀粉5克，盐、姜丝、食用油、料酒各适量。

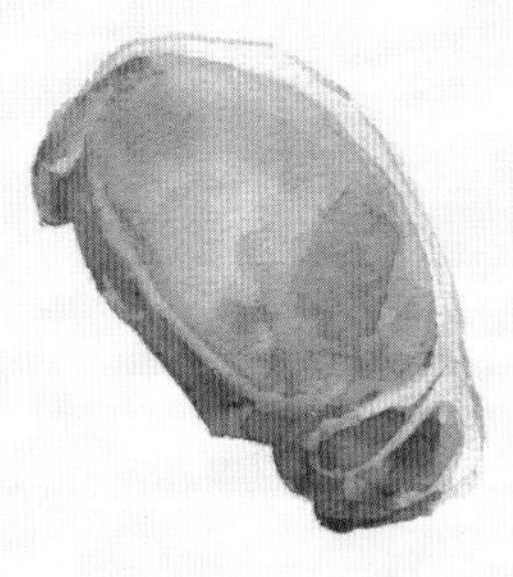

制作过程

1. 肉丝用玉米淀粉和清水抓一下备用。
2. 起锅，倒入食用油烧热，加入姜丝炒出香味后放入肉丝，滴入少许料酒。
3. 卷心菜切丝入锅，加入米醋翻炒至微微变色，倒入饼丝，加入生抽、老抽调色。
4. 关火，根据自己的口味加入盐调味，加入蒜末拌匀，盖上盖儿，用余温闷出蒜香即可。

厨房笔记

肉丝也可以用鸡蛋替换，味道也很不错。另外，蒜末不要炒，一定要用余温闷，味道会更香。

Part 2

简食教室：懒人美味汤羹和面条

想要吃顿好的却又没有时间做？天天吃外食又担心安全隐患？那就做一顿省时又省力的简食吧！简单又不乏营养，懒人也可以做到。

炒方便面

炒面条是真正的中国炒面，而英语中的炒面（chow mein）是指在中国很少有人知道的干脆面条。就像汤面一样，炒面条往往得名于和它搭配的食材。

因为炒面条比汤面更油腻，所以它通常只供应小份，并搭配一些其他的清汤来吃，或者作为两餐之间的点心，就着茶水吃。有人喜欢在吃炒面条前加点醋。

——节选自杨步伟《炒面条》

方便面作为速食食品，已经渗入到我们每个人的生活之中，但是大家对它的吃法还局限在普通的“泡”或“煮”。其实方便面还可以用来炒着吃哦，这样在简单易做的同时又增加了它的美味。

——Monica

材料

方便面2块，鸡蛋2个，胡萝卜半根，油麦菜少许，米醋5毫升，生抽5毫升，葱花、盐、糖、食用油各适量。

制作过程

1. 胡萝卜洗净，擦丝；油麦菜切小段；锅中注水烧开，放入方便面和油麦菜，煮至五成熟，沥干待用。
2. 锅中放油，打入鸡蛋，边炒边打散，熟后盛出；锅中放油，放入葱花、胡萝卜丝煸炒片刻，加入面条、油麦菜、鸡蛋，加入米醋、生抽、糖提味，加入少许盐拌匀即可。

厨房笔记

方便面不要煮得过熟，一般煮到面条散开但有硬度即可。

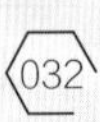

葱油拌面

面条，谁没吃过？但是其中大有学问。

北方人吃面讲究吃抻面。抻（音chēn），用手拉的意思，所以又称为拉面。用机器轧切的面曰切面，那是比较晚近的产品，虽然产制方便，但味道不大对劲。

我小时候在北平，家里常吃面，一顿饭一顿面是常事，面又常常是面条。一家十几口，面条由一位厨子供应，他的本事不小。在夏天，他总是打赤膊，拿大块和好了的面团，揉成一长条，提起来拧成麻花形，滴溜溜地转，然后执其两端，上上下下地抖，越抖越长，两臂伸展到无可再伸，就把长长的面条折成双股，双股再拉，拉成四股，四股变成八股，一直拉下去，拉到粗细适度为止。在拉的过程中不时地在撒了干面粉的案子上重重地摔，使其粘上干面，免得粘了起来。这样地拉一把面，可供十碗八碗。一把面抻好投在沸滚的锅里，马上抻第二把面，如是抻上两三把，差不多就够吃的了，可是厨子累得一头大汗。我常站在厨房门口，参观厨子表演抻面，越夸奖他，他越抖神，眉飞色舞，如表演体操。面和得不软不硬，像牛筋似的，两胳膊若没有一把子力气，怎行？

面可以抻得很细。隆福寺街灶温，是小规模的二荤铺，他家的拉面真是一绝。拉得像是挂面那样细，而吃在嘴里利利落落。在福全馆吃烧鸭，鸭架妆打卤，在对门灶温叫几碗一窝丝，真是再好没有的打卤面。自己家里抻的面，虽然难以和灶温的比，也可以抻得相当标准。也有人喜欢吃粗面条，可以粗到像是小指头，筷子夹起来扑棱扑棱的像是鲤鱼打挺。本来抻面的妙处就是在于那一口咬劲儿，多少有些韧性，不像切面那样的糟，其原因是抻得久，把面的韧性给抻出来了。要吃过水面，把煮熟的面条在冷水或温水里涮一下；要吃锅里挑，就不过水，稍微粘一点，各有风味。面条宁长勿短，如嫌太长可以拦腰切一两刀再下锅。寿面当然是越长越好。曾见有人用切面做寿面，也许是面搁久了，也许是煮过火了。上桌之后，当众用筷子一挑，肝肠寸断，窘得下不了台！

——节选自梁实秋《面条》

葱，在中国的饮食文化中占据了重要位置。除了作为辅料，前两天看到一个菜叫“炖葱”，看食客的反应很是不错。延伸到今天翻开的这页食谱——葱油拌面，我总觉得它是冰箱无货时最棒的一个解决方法。用极为简单的食材，小火慢煎出的美味。

——Monica

材料

面条适量，葱100克，食用油80克，生抽65毫升，老抽45毫升，糖30克。

制作过程

1. 葱洗净，切段。
2. 热锅内倒入食用油，放入葱段，小火慢慢煎至油焦黄。
3. 葱油熬好后，将生抽、老抽倒入锅中烧开。
4. 关火，放入糖，也可以根据自己口味加入少许盐。
5. 面条煮熟，过一遍水之后将面条倒入调料汁中直接搅拌均匀，盛盘即可。

韩式拉面

面条与面条不一样，它们可以是拉面、机器切面、普通挂面或细挂面。一个好的北方厨师或者甚至一个主妇都知道如何用手拉制面条。

他拿着一条面团，两手各抓住面团的一端将其抻拉，直至面团被拉成1.5米或1.8米长。然后将拉出来的粗面条对折，并将原来是中间的一端攥在一只手里，将原来的两端握在另一只手里，将中间的部分在一块撒有干面粉的案板上滚动，然后抻拉面条，直至拉成与上文同样的长度（但每根面条的粗细减半）。再将两根面条对折成4根，并重复同样的程序，直至最后得到32、64、128……根面条，每根面条都有1.5米或1.8米长，根数多寡要看操作者拉面的技术水平，也要看他想制作多粗或多细的面条。最后，两端手握的那两块厚面团当然需要切掉。

因为拉面经过拉和摇的动作，具有切面所不具备的口感和质地。不幸的是，拉面是一种十分困难的技术。

经常发生的情况就像这样：你开始挥舞你的面团，在达到32根之前，一些面条已经断了，你气急败坏并且把面团弄得一团糟。你再次开始，但不敢拉出超过16根。于是你只好吃那门栓粗细的面条，那也很好，但是它们更像是许多面棒而不是面条。

——节选自杨步伟《面条》

杨老师的文字详细说明了做拉面的技术要领。拉面有时候甚至还得拼人品，运气好也许能拉出又细又长的面条。好在现在我们在市场上很容易能买到拉面，虽然不是自己亲手做的拉面，但只要用心料理，也能做出美味。

记得第一次被韩式拉面馋到不行还是因为看韩剧，多金男主角命令灰姑娘女主角煮一份拉面，当女主角将拉面盛在漂亮碗中端给男主时，男主大声喊着这味道不对，直到女主换了黄色小铝锅，用盖子当碗递给男主时，他才停止了“矫情”，大口塞起来。

那个画面，简直把韩国和拉面完美地结合到了一起，让人觉得：韩国拉面一定要配小黄锅才是最对味的。

——Monica

材料

辛拉面1包，韩式辣酱5克，芝士片1片，鸡蛋1个，泡菜少许，葱花、芝麻、食用油各适量。

制作过程

1. 清水注入汤锅中，烧至沸腾。
2. 加入辛拉面，煮2分钟后捞出。
3. 锅中煮面水倒出，重新换上开水，加入面中自带的辛拉面调料、韩式辣酱煮沸化开。
4. 煎锅中倒入适量食用油，打入鸡蛋，煎至半成熟。
5. 待汤锅内汤底煮好，将辛拉面放入，继续煮1分钟后关火。
6. 放入芝士片，用余温将芝士片化开，撒上葱花、芝麻，把煎好的鸡蛋摆在上面，配上少许泡菜即可。

厨房笔记

鸡蛋的成熟度可以根据个人喜欢的口感决定哦。

樱桃番茄意大利面

吃面条，面条应该绕在你的筷子上，就像你将意大利细面绕在叉子上那样。一次将太多的面条填进嘴里并不是好吃相。你可以用你的筷子夹起一大坨面条，将面条填进你的嘴里然后咬断，剩下的部分就会落回你碗里。不咬断的话，那就把一次夹起的面条都吸进嘴里，如果面条不是太长，而且吃面时伴随的噪声尚可接受。

这种吃法还能给吃面条的现场营造出好氛围，当然，要注意面条松开的一端可能会溅到你旁边的客人，尤其是当面条很烫的时候。

——节选自杨步伟《炸酱面》

意大利面或许是大家最容易在家做的一款西餐主食，没时间做大餐，可以快速做一碗意大利面解解馋。

——Monica

材料

樱桃番茄50克，意大利面100克，橄榄油10毫升，薄荷叶、罗勒青酱、盐各适量，奶酪少许。

制作过程

1. 樱桃番茄洗净，对半切开待用；奶酪切成薄片。
2. 意大利面放入清水锅中煮12分钟至熟，捞出放入凉水中浸泡。
3. 烧热的锅中倒入橄榄油，樱桃番茄放入锅中，加入适量盐翻炒片刻。
4. 适量奶酪片与罗勒青酱放入锅中，炒匀，再将意大利面捞出，沥干水分，放入锅中翻炒匀，盛出，放上薄荷叶与奶酪片装饰即可。

虾皮拌面

北平不像台湾有专卖鱼虾、蛏蚝、鲍翅的干货海味店，这类干海味都由干果子铺来卖。北平干果子铺全系晋省同胞经营，所以又叫“山西屋子”，最著名的有前门大街通三义、西单牌楼全聚德、西四牌楼隆景和，都是百年以上老字号。通三义每年外销干果、蜜饯、海味曾达到四五百万美金。他家虾米种类多达三四十种，不是内行叫不出那许多名堂。其中有一种小金钩，虾身细小，颜色红而透明，拿来做鸡蛋小金钩炸酱拌面吃，比肉丁肉末炸酱素净滑香。当年洪文卿、赛金花是苏州人，都不欣赏面食，可是对这种半荤半素的炸酱倒不时做来佐餐。洪的公子兆东在他《趋庭随笔》里，屡有记述，谅来是不会假的。

——节选自唐鲁孙《什锦拼盘·虾米治病》

材料

面条200克，虾皮25克，大葱5克，生抽10毫升，老抽5毫升，醋10毫升，盐、食用油各适量。

制作过程

1. 大葱洗净，切成碎末。
2. 热锅注油，放入足量的食用油，放入切好的葱末，翻炒几下。
3. 待葱炒出香味，放入虾皮爆出香味，加入生抽、老抽、醋、盐，加入30毫升清水煮至开锅，盛出。
4. 锅内注入适量清水烧开，加入面条煮熟，捞出，铺上做好的虾皮拌料，拌匀即可。

幸福蜜语

吃面的时候，可以再调入一些芝麻酱，又会是另一种好味道。

炸酱面

炸酱面也是北平人日常的一种吃法，分“过水”“不过水”两种。过水面是面煮熟挑在水盆里，用冷或热水冲一下再盛在碗里拌炸酱，面条湿润滑溜，比较容易拌得匀。不过水是从锅里直接往碗里挑，加上酱虽然不好拌，可是醇厚腴香，才能领会到炸酱面的真味。

抗战胜利之后，各处北方小馆差不多所卖炸酱面，肉丁或肉末之外，愣加上若干豆腐干切丁，不但夺去原味，而且滞涩碍口，甚至还加辣椒，这种炸酱面吃到嘴里甭提有多别扭啦。

北平人每逢家里有点喜庆事，面菜席就要酱卤两吃了。卤分“川子卤”“混卤”两种。

做川子卤比较简单，先用鸡汤或猪牛羊肉熬出汤，再讲究点，也有用口蘑吊汤的，然后把鸡蛋切小丁加海米、肉丁、黄花、木耳、鹿角菜、冬菇、口蘑就是所谓“川子卤”了。

“川子卤”除了以上材料之外，鸡蛋不炒不切丁，等勾芡的时候，把鸡蛋甩在卤上，另外用小铁勺放上油，把花椒在火上炸黑，趁热往卤上一浇，那就是混卤，台湾所谓的“大卤面”啦。如果加上茄子就叫茄子卤，加上鸡片、海参、火腿就叫三鲜卤。

——节选自唐鲁孙《北平人的三大主食》

面作为一种重要的主食，其做法和吃法都是花样繁多，汤面、拌面、炒面等，都各有特色。今天推荐的是老北京的特色——炸酱面。炸酱面作为拌面的一种，炸酱的制作就显得极其重要，炸酱的好坏决定了整碗面的口感，一碗上乘的炸酱面不仅要做到色香味俱全，还要留有炸酱面的原味。

——Monica

材料

面条200克，五花肉150克，干黄酱1袋，甜面酱2袋，葱末、料酒、生抽、八角、香叶、胡萝卜丝、黄瓜片、香菜、食用油各适量。

制作过程

1. 生抽与干黄酱拌至浆糊状，加入甜面酱，入锅蒸至冒气后，继续蒸约15分钟。
2. 五花肉切丁，加料酒拌匀。
3. 锅中注油，加入八角、香叶，将油熬出香味，捞出八角和香叶，放入一半葱末爆香，倒入肉丁炒至七成熟，盛出备用。
4. 蒸好的酱入锅翻炒，转小火熬制10分钟，放入肉丁炒熟，放入剩下的葱末，关火。
5. 面条放入沸水中煮熟，捞出，加入酱料拌匀，再搭配一些胡萝卜丝、黄瓜片和香菜即可食用。

幸福蜜语

若喜欢醋味，可以在面中加入少许米醋或者腊八醋，一起拌匀后再食用，味道会更好、更正宗。

豆泡汤

此时此刻，你会期待我说，在中国，汤并不是汤，但事实不是这样。是的，汤还是汤，但食用方法却非常不同。

在大餐上，会上好几次汤，而且在末尾总是会再上一道汤。在便餐上，桌上都备有一碗汤，供你随时用勺分享，特别是在一餐的最后阶段。因为在餐桌上从来不供应水，亦很少有茶，所以汤是唯一的饮料。如果任何时候你发现一餐的开始是用单独的碗上汤，然后在上其他菜或米饭前将此汤撤下，你就知道你所参与的是一个西方化的餐会，就像我办的一些聚会一样。

汤可分为清汤和浓汤。清汤只是一种饮料，它的成分更多的是为突出风味，而不是为了食用。当你通过数盘子来估计食品的数量时，有时候清汤根本不被计算在内，因为汤里的食材实在太少了。在正餐上，清汤夹杂在陆续上桌的各道菜之间上来，并且在某道菜（比如炸虾）之后会特别受欢迎。

另一方面，浓汤通常不止一道。一只整鸡、一整条鲱鱼、一只乌龟或者一整条火腿中央的一块小腱（所谓“一件小东西”）通常都足以作为一道主菜。再加两三个油炸小菜的话，你就拥有了第一流的正餐。当一个朋友对你说“来吧，今晚我做了些汤”，你可以确信，他的汤里应该是有些非常实在的内容。一道或两道浓汤经常是在一次正餐的末尾上来。

无论如何，在便餐中，汤并不是特别被欣赏，因为许多客人会忘记遵循筵席上“等待、躲闪、攻击”的箴言。当你有火锅时，就不需要浓汤了。

——节选自杨步伟《汤》

作为一个汤食爱好者，我几乎每餐都要喝汤。虽然说汤并不是餐桌的主角，但是汤也绝不是可有可无的角色。这款豆泡汤，简单易学，味道鲜美，一起学起来吧。

——Monica

材料

豆泡15个，芝麻酱20克，葱20克，姜12克，八角2粒，韭菜花8克，盐、鸡精各适量。

制作过程

1. 豆泡逐个一分为二，葱切段，姜切大块。
2. 芝麻酱与韭菜花混合，加入适量清水稀释，制成酱料。
3. 锅中倒入清水，加入葱段、姜块、八角煮水。
4. 待锅开后，加入豆泡与调制好的酱料，继续煮5～8分钟，关火，加入适量盐和鸡精拌匀即可。

厨房笔记

这道菜重点在于煮的料水，葱切成段、姜切成大块，便于煮水。

杏仁露

凉茶、冬瓜水、茅根水是广东人最喜欢吃的，虽然吃上口有些淡而无味，但是很合卫生，不论天气怎么热，走得汗流如雨，喝一杯下去，有益无害，比冷茶冰水要有益多呢。

杏仁茶是用杏仁去衣磨烂冲茶的，味甜，可以止咳化痰。杏仁糊是用杏仁和米放在陶器盆里用木杵磨细，便成糊状。芝麻糊是用黑芝麻做的，制法和杏仁糊相同，可以利大便。

——节选自老伯《夏天广州吃》

喜欢看宫廷剧的各位一定对这款甜品不陌生，我们经常能在电视剧的情节中看到丫头们给小主端上一碗杏仁露，看起来就很好吃的样子。今儿个咱们也来熬制一碗，尝尝这香甜软糯的好味道。

——Monica

材料

杏仁110克，鲜牛奶510毫升，糯米粉40克，糖30克。

制作过程

1. 杏仁提前浸泡一夜后放入料理机中，加入鲜牛奶和糯米粉，打碎成浆状后过筛。
2. 过筛后的混合物用中小火加热并搅拌均匀，直至沸腾，略微呈凝固状。
3. 关火，趁热加入糖，搅拌均匀即可。

厨房笔记

这种做法比较百搭，杏仁还可以换成花生、核桃等熟坚果。在熬制前，一定要将打成浆状的材料过筛，否则口感达不到香滑。

ABC营养汤

西南联大的女同学吃胡萝卜成风，这是因为女同学也穷，而且馋。昆明的胡萝卜也很好吃，是浅黄色的，长至一尺以上，脆嫩多汁而有甜味，胡萝卜味儿也不是很重。

胡萝卜有胡萝卜素，含维生素C，对身体有益，这是大家都知道的。不知道是谁提出，胡萝卜还含有微量的砒，吃了可以驻颜。这一来，女同学吃胡萝卜的就更多了。她们常常一把一把地买来吃，一把有十多根。她们一边谈着克列斯丁娜·罗赛蒂的诗、布朗底的小说，一边咯吱咯吱地咬胡萝卜。

——节选自汪曾祺《四方食事》

我劝大家口味不要太窄，什么都要尝尝，不管是古代的还是异地的食物，比如葵和薤，都吃一点。一个一年到头吃大白菜的人是没有口福的。

许多大家都已经习以为常的蔬菜，比如菠菜和莴笋，其实原来都是外国菜。西红柿、洋葱，几十年前中国还没有，很多人吃不惯，现在不是也都很爱吃了么？很多东西，乍一吃，吃不惯，吃吃，就吃出味儿来了。

——节选自汪曾祺《汪曾祺经典语录》

曹格在《爸爸去哪儿2》中也有给Grace做过哦。这款汤由于没有繁琐的加工过程和油脂，所以特别适合忙碌的上班族，还有那些戒吃戒喝的减肥族。

那为什么叫ABC汤呢？其实就是因为汤里含有大量的维生素A、B族维生素和维生素C，做法又简单，正在减肥的人有了这款汤，再也不用干巴巴地去啃那些没味道的生菜啦，这岂不是很赞？闲话不多说，锅碗瓢盆响起来。

——Monica

材料

鸡腿2条，西红柿3个，土豆300克，胡萝卜300克，洋葱、盐、白胡椒各适量。

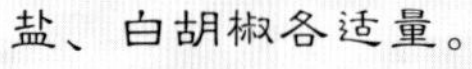

制作过程

1. 鸡腿剁成3～4段，西红柿、土豆、胡萝卜、洋葱切成滚刀块。
2. 锅中加水，鸡腿冷水下锅，撇出血沫。
3. 切好的土豆、胡萝卜、洋葱、2/3的西红柿倒入锅中，大火煮开后转中小火继续煮15～20分钟。
4. 待鸡肉熟透，将剩下的西红柿倒入锅中，续煮2～3分钟，关火。
5. 根据自己的口味加盐，也可以再撒一些白胡椒，盛入碗中即可。

厨房笔记

这款汤最好选用熟透的西红柿，以6月成熟的西红柿为最好。此汤除了可以直接配着米饭，也可以作为汤底，用来煮面条或者粉条。

菠菜银鱼汤

我做的拌菠菜稍为细致。菠菜洗净，去根，在开水锅中焯至八成熟（不可盖锅煮烂），捞出，过凉水，加一点盐，剁成菜泥，挤去菜汁，以手在盘中抟成宝塔状。先碎切香干（北方无香干，可以熏干代），如米粒大，泡好虾米，切姜末、青蒜末。香干末、虾米、姜末、青蒜末，手捏紧，分层堆在菠菜泥上，如宝塔顶。将好酱油、香醋、小磨香油及少许味精在小碗中调好。菠菜上桌，将调料轻轻自塔顶淋下。吃时将宝塔推倒，诸料拌匀。这是我的家乡制拌枸杞头、拌荠菜的办法。北京枸杞头不入馔，荠菜不香。无可奈何，代以菠菜，亦佳。请馋酒客，不妨一试。

——节选自汪曾祺《拌菠菜》

前几年电视曾上映的卡通片《大力水手》，随身法宝便是一罐菠菜。吞下菠菜之后，他的细瘦的两臂立即肌肉突起，力大无穷，所向披靡。为什么形容菠菜有此奇效？原因是，美国的孩子们吃惯牛奶牛肉糖果，怕吃蔬菜。美国人又不善于烹制蔬菜，他们常吃的菠菜是冰冻的菠菜泥。即使是新鲜菠菜，也要煮得稀巴烂。孩子们视菠菜如畏途，所以才有"大力水手"的出现，意在诱使孩子吃菠菜。我们吃菠菜，无论是煮是炒，都要半生半熟不失其脆。放在火锅里，一汆即可。凡是蔬菜都不宜烧得太熟。

在北方，到了菠菜旺季，家家都大量购买菠菜，往往是一买就是半小车子。吃法很多，凉拌菠菜就很爽口，菠菜微煮，立即取出细切，俟凉浇上三和油，再加芝麻酱（稀释过的）及芥末。再则烩酸菠菜也是家常菜之一，菠菜下锅煮，半熟，投入一些猪肉丝，肉丝一变色就注入芡粉汁使之稠和，再加适量的醋，最后撒上胡椒粉；菠菜的颜色略变，不能保持原有的绿色，但是酸溜溜、辣兮兮，不失为一碗别具风味的汤菜。

——节选自梁实秋《菠菜》

菠菜作为一种营养价值极高的食材，却很少受到广大吃货的喜爱。这款菠菜银鱼汤在很大程度上保留了菠菜的特点，同时辅以小银鱼，提高了整个汤品的鲜美程度。

——Monica

材料

菠菜200克，银鱼50克，姜片10克，料酒、盐、白胡椒、香油、麻油各适量。

制作过程

1. 银鱼用料酒、姜片腌制10分钟左右去腥。
2. 菠菜洗净焯水后，直接放入冰水中降温，保持它的色泽，备用。
3. 重新换水起锅，放入银鱼，开锅后，倒入菠菜煮半分钟，关火。
4. 根据自己口味加入白胡椒、盐、香油、麻油即可。

厨房笔记

银鱼有鱼腥味，建议稍加腌制后再使用。

冬瓜丸子汤

冬瓜之用最多。拌燕窝、鱼肉、鳗、鳝、火腿皆可。扬州定慧庵所制尤佳。红如血珀，不用荤汤。

——节选自袁枚《随园食单》

冬瓜最大的用处就是做馅儿吃，其次用小冬瓜蒸冬瓜盅，或冬瓜鸡。家常的吃法就是羊肉汆冬瓜汤，羊肉用好酱油煨好，最后下肉，做成以后汤鲜肉嫩，加上老醋胡椒，是夏天最鲜的汤。

——节选自识因《夏季北京的家常菜》

对于我来说，丸子的存在是十分美好的，无论是火锅里的丸子，还是日常菜的丸子，都让我为之沦陷。今天推荐的快手菜是冬瓜丸子汤，冬瓜和丸子的结合，让整个汤多了鲜美，少了油腻。

——Monica

材料

肉馅300克，冬瓜400克，玉米淀粉10克，生抽45毫升，蒸鱼豉油15毫升，白胡椒5克，花椒5克，八角2粒，鸡精5克，芝麻油、香菜、香葱段、盐、姜片、食用油各适量。

制作过程

1. 花椒、香葱段、姜片放入壶中，加入清水煮开，待料水凉凉，备用。
2. 料水分3次加入肉馅中，边加边搅动，并在搅拌中途加入盐、芝麻油、鸡精、生抽、蒸鱼豉油和玉米淀粉，待肉馅上劲儿，捏成若干个小丸子。
3. 冬瓜切成薄厚适中的片状，热锅注入食用油，加入八角，冬瓜片过油翻炒片刻，逼出冬瓜的水汽和香气，锅中加水，待水烧开，加入丸子，熬煮5~8分钟，放入芝麻油、白胡椒、香菜即可。

Part 3

小食下酒，能饮一杯无

与三五朋友小聚、促膝而谈的时候，若是少了美食，这项活动便似乎枯燥了许多。在家做几道佐酒小食，来一场宾主尽欢的聚会吧！

香脆小银鱼

文芸阁的哲嗣公达年伯（江西萍乡人）说："鄱阳湖所产鱼的种类繁多，吃鱼讲究'春酽''夏鲤''秋绘''冬鳊'。

就拿欢蹦乱跳的活鳜鱼来说，平津沪汉都无法吃到鲜活的，北方馆的糟熘鱼片，正宗做法应当用鳜鱼，如果拿活鳜鱼来做，必定更好吃呢。还有我们江西银鱼也是一绝。湖北黄陂同胞说，云梦红眼墨尾银鱼，是天下无匹。湖南长沙同胞说，洞庭湖通体透明的银鱼是天下第一美味。河北塘沽同胞说，卫河表里晶莹的银鱼，连乾隆皇帝都夸称鱼中'隽鲸之翠'。江西同胞则特别强调瑞洪镇的银鱼是银鱼中的极品。

其实这四种银鱼，烹调方法不同，滋味迥异，自难分轩轾。

湖北的银鱼，把它制成鱼面，用菜心来煨，清隽芬鲜，调兰味永，可算一绝。洞庭银鱼用冬笋干煸来吃，宜饭宜酒更宜粥。卫河银鱼其白胜雪，拖面来炸，骨脆肉嫩，吐不出一点渣滓，老饕们公认是佐酒的珍品。瑞洪镇银鱼，新鲜的并不好吃，要先把银鱼晒干，等吃的时候才用开水发开，用瘦肉绿韭黄炒来下酒，据说要趁春韭上市来吃，一声夏雷，银鱼就鲜味全失了。

宋代名臣江西临川王荆公，是最不讲究饮食的先贤，可是临川朋友说，王荆公特嗜银鱼做的鸡蛋汤，虽然不知何所据而云然，由此可知江西银鱼是多么鲜腴诱人了。"

——节选自唐鲁孙《说东道西》

每次父亲做这个小菜时，我和母亲都会在一旁拍巴掌。它不仅好做，而且配着粥、馒头、任何你想搭配的主食都很好吃，用来当零食也很不错。它还是补钙的好物哦。

——Monica

材料

银鱼干300克，白糖、米醋、食用油各适量。

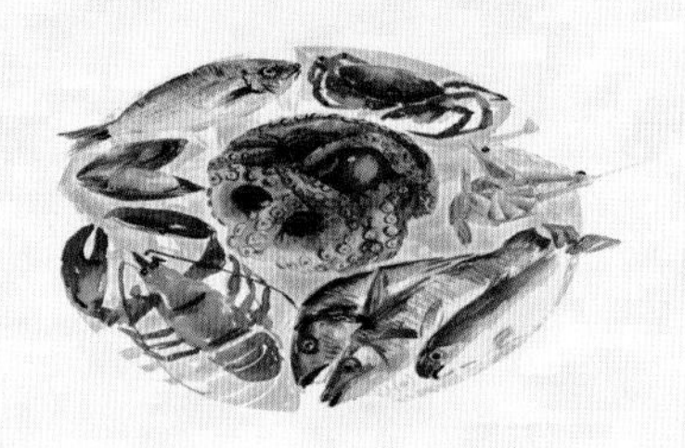

制作过程

1. 锅中注油烧热，分拨放入银鱼干，开大火炸2～3分钟，当银鱼尚未变色但炸出硬度时盛盘，继续大火，等待油温继续升高。

2. 放入炸好的银鱼二次复炸5～10秒钟，个别银鱼表面变黄，银鱼完全变硬，捞出。

3. 锅中放入白糖，待糖略微变色，加入米醋，将炸好的银鱼倒入锅内，均匀裹上糖浆即可。

厨房笔记

复炸很重要，是保持脆度的关键，此种制作方法也可以用来做虾米皮。

五香芥菜丝

荠菜。荠菜是野菜，但在我家乡是可以上席的。我们那里，一般的酒席，开头都有八个凉碟，在客人入席前即已摆好，通常是火腿、变蛋（松花蛋）、风鸡、酱鸭、油爆虾（或呛虾）、蚶子（是从外面运来的，我们那里不产）、咸鸭蛋之类。

若是春天，就会有两样应时凉拌小菜：杨花萝卜（即北京的小水萝卜）切细丝拌海蜇和拌荠菜。

荠菜焯过，碎切，和香干细丁同拌，加姜米，浇以麻酱油醋，或用虾米，或不用，均可。这道菜常抟成宝塔形，临吃推倒，拌匀。拌荠菜总是受欢迎的，吃个新鲜。凡野菜，都有一种园种蔬菜所缺少的清香。

荠菜大都是凉拌，炒荠菜很少人吃。荠菜可包春卷，包圆子（汤团）。江南人用荠菜包馄饨，亦作“大馄饨”。我们那里没有用荠菜包馄饨的。我们那里的面店中所卖的馄饨都是纯肉馅的馄饨，即江南所说的“小馄饨”，没有“大馄饨”。

我在北京的一家有名的家庭餐馆吃过这家的一道名菜：翡翠蛋羹。一个汤碗里一边是蛋羹，一边是荠菜，一边嫩黄，一边碧绿，绝不混淆，吃时搅在一起。这种讲究的吃法，我们家乡没有。

——节选自汪曾祺《故乡的野菜》

小时候，我一放学回到家就丢下书包，随妈妈去挖野菜。回到家，将新鲜的野菜稍微用滚水焯一下，滴几滴芝麻油拌一下，香味四溢，那真是小时候美好而朴素的味道。今天推荐的五香芥菜丝，既保留了芥菜的清香，又多了几丝别样的滋味。

——Monica

材料

腌制芥菜1个，泡发黄豆100克，葱白末5克，蒜瓣4瓣，姜5克，芝麻5克，香叶2片，花椒3克，白糖10克，酱油5毫升，干辣椒、盐各少许，食用油适量。

制作过程

1. 腌制芥菜切丝，浸泡30分钟后，和泡发黄豆过热水焯至七成熟。
2. 热锅注油，加入蒜瓣、姜、芝麻、香叶、花椒，用小火熬油。
3. 黄豆和芥菜丝倒入锅中翻炒，加入酱油炒匀。
4. 干辣椒切段后放入锅中煸炒片刻，放入葱白末，盖上盖焖半分钟，关火，放入白糖、盐拌匀，装盘即可。

厨房笔记

芥菜丝一定要先浸泡再焯水，这两步不可少，否则会比较咸。

卤蛋

卤东西时，把食材切成中等大小的块，放入已然煮沸的水中煮3～5分钟，然后捞出，放入老卤中炖1～2个小时。然后取出，冷食热食皆可。用了三四次后，老卤需要用酱油、盐、酒和香料来提味儿。放置一旁之前，只要碰到了生的食材或是未杀菌的勺子，卤料就要加热杀菌。据说有些老卤已经传了两三百年。卤味店老板最怕兵乱，担心多年老卤被破坏。

卤蛋是特别受欢迎的一种食物。这种蛋先是带壳煮，煮得久了又会变软。因为鸡蛋光吸收味道，不释放多少味道，所以不能用来做老卤。虽然卤的过程麻烦，但它的优点是一劳永逸。

——节选自杨步伟《卤》

鸡蛋，最简单常见的食材，当其完全吸收卤水的精华时，就成为一个爽口的卤蛋。它无论是用作早餐，还是搭配泡面，都是极好的。

——Monica

材料

鸡蛋6个，啤酒、冰糖、盐、香叶、八角、桂皮、老抽、生抽各适量。

制作过程

1. 鸡蛋用凉水浸泡5分钟，防止煮蛋的过程中炸裂。
2. 取出鸡蛋，放入锅中煮3～5分钟，将其完全煮熟，捞出。
3. 锅里的水倒出并擦干锅底，煮熟的鸡蛋剥壳，表面划上3刀，放入锅中备用。
4. 倒入啤酒，没到鸡蛋2/3处即可，将其他所有材料放入锅中。
5. 开火，待冰糖化开，大火收汁即可。

肉末榨菜

咸菜可以算是一种中国文化。西方似乎没有咸菜。我吃过“洋泡菜”，那不能算咸菜。日本有咸菜，但不知道有没有中国这样盛行。“文革”前，《福建日报》登过一则猴子腌咸菜的新闻，一个新华社归侨记者用此材料写了一篇对外的特稿：“猴子会腌咸菜吗？”被批评为“资产阶级新闻观点”。——为什么这就是资产阶级新闻观点呢？猴子腌咸菜，大概是跟人学的，于此可以证明咸菜在中国是极为常见的东西。

中国不出咸菜的地方大概不多。各地的咸菜各有特点，互不雷同。北京的水疙瘩、天津的津冬菜、保定的春不老。“保定有三宝：铁球、面酱、春不老”。我吃过苏州的春不老，是用带缨子的很小的萝卜腌制的，腌成后寸把长的小缨子还是碧绿的，极嫩，微甜，好吃，名字也起得好。保定的春不老想也是这样的。

周作人曾说他的家乡经常吃的是咸极了的咸鱼和咸极了的咸菜。鲁迅《风波》里写的蒸得乌黑的干菜很诱人。腌雪里蕻南北皆有。上海人爱吃咸菜肉丝面和雪笋汤。云南曲靖的韭菜花风味绝佳。曲靖韭菜花的主料其实是细切晾干的萝卜丝，与北京作为吃涮羊肉的调料的韭菜花不同。贵州有冰糖酸，乃以芥菜加醪糟、辣子腌成。四川咸菜种类极多，据说必以自贡井的粗盐腌制乃佳。

行销全国，远至海外，堪称咸菜之王的，应数榨菜。

朝鲜辣菜也可以算是咸菜。延边的腌蕨菜北京偶有卖的，人多不识。福建的黄萝卜很有名，可惜未曾吃过。我的家乡每到秋末冬初，多数人家都腌萝卜干。到店铺里学徒，要“吃三年萝卜干饭”，言其缺油水也。中国咸菜多矣，此不能备载。如果有人写一本《咸菜谱》，将是一本非常有意思的书。

——节选自汪曾祺《咸菜与文化》

小时候总是讨厌吃榨菜，因为不爱它的土腥味。后来，偶然的机会尝到这道肉末榨菜，瞬间颠覆了自己的三观，“天呐，这是榨菜嘛，这太好吃啦。”这道菜的做法虽然简单，但肉末中和了榨菜本身的味道，带来了全新的味觉体验。

——Monica

材料

榨菜丝3包，肉末20克，料酒5毫升，薄盐生抽3毫升，白糖3克，干辣椒4根，蒜末、姜丝、葱丝、食用油各适量，白胡椒粉、鸡精各少许。

制作过程

1. 榨菜丝洗净，沥干备用。
2. 热锅注油，放入葱丝、姜丝、蒜末炒香，放入肉末煸炒，淋入料酒去腥。
3. 榨菜丝倒入锅中与肉末一同煸炒，干辣椒剪成段，放入锅内，滴入薄盐生抽、白胡椒粉，继续翻炒。
4. 关火，加入鸡精和白糖提味后盛盘即可。

厨房笔记

干辣椒要在榨菜入锅后再放，这样可以保持辣椒的色泽，也能避免过度烹煮，使辣椒太过抢味。

酒鬼花生

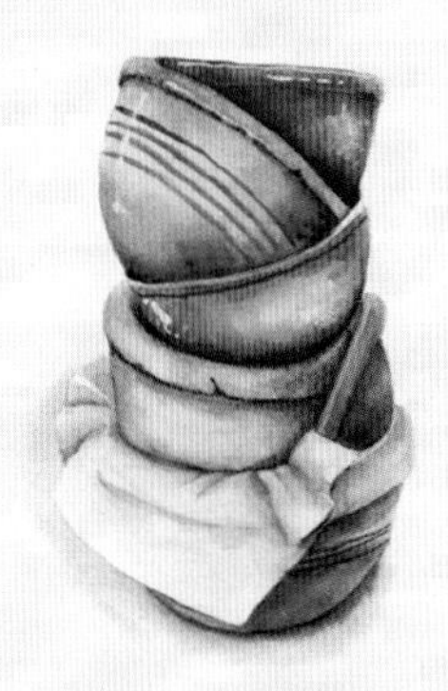

今天是中秋节，聂华苓邀我及其他客人家宴，菜甚可口，且有蒋勋母亲寄来的月饼。有极好的威士忌，我怕酒后失态，未能过瘾。美国人不过中秋，安格尔不解何为中秋，我不得不跟他解释，从嫦娥奔月，中国的三大节，中秋实是丰收节，直至八月十五杀鞑子……他还是不甚了了。月亮甚好，但大家都未开门一看。

按聂的建议，我和古华明晚将邀七八个作家到宿舍一聚，我正在煮茶叶蛋。（中秋节夜1时）

我们已经请了几个作家。茶叶蛋、拌扁豆、豆腐干、土豆片、花生米。他们很高兴，把我带来的一瓶泸州大曲、一瓶Vodka全部喝光，谈到12点。聂建议我们还要请一次，名单由她拟定。到Program来，其实主要是交际交际，增加一点了解，真要深入地探讨什么问题，是不可能的。

昨天去听了一次新英格兰乐队的轻音乐，水平很低。聂、安、古、蒋勋休息时即退场。聂问我如何，我说像上海大减价的音乐，她大笑，说："你真是煞风景。"又说："很对，很对，很像！"

——节选自汪曾祺《汪曾祺》

凤尾鱼、广东香肠，市场上可以买到；茶叶蛋、油炸花生米、五香煮栗子、煮毛豆，人人会做；盐水鸭、水晶肘子，做起来太费事，皆不及。

——节选自汪曾祺《其他酒菜》

先生是一个特别爱吃花生米的人。无论是把花生米作为主料还是辅料，正着吃反着吃，只要是花生米，他都可以半天停不下嘴巴。每次在外面吃饭，先生也都会要上一盘花生米，回来也会叨叨着让我做给他吃。不过一般在家炸花生米，用不了多久就会软，味道会跟着差很多。后来无意间我在电视上看到了一个可以让花生米久脆的窍门儿，分享给大家，一起炸起来吧。

——Monica

Beer

材料

花生米300克，芝麻、辣椒、花椒、盐、糖、食用油各适量。

制作过程

1. 花生米倒入热水中，浸泡10分钟左右，红衣便可轻松去掉。
2. 泡好的花生米晾干，装入袋子中，放在冰箱冷冻室冷冻一夜。
3. 取出冷冻好的花生米，锅内倒入食用油，加入花生米，用小火炸至酥脆。
4. 加入芝麻、辣椒、花椒、盐、糖轻轻翻炒片刻即可。

厨房笔记

花生一定要晾干，保持花生米久脆的窍门就在于冷冻一夜，这个步骤很重要，花生米一定要炸透，油温不要太高，否则里面还没炸熟，外面已经焦了。

泰式炒肉碎

偶然间在一家泰国餐厅吃到这道菜，味道不似其他泰式菜肴那么辛辣重口，反而有中国菜的醇香，回到家还觉得回味无穷，琢磨着要把这道菜摸透，并推荐给大家。

——Monica

材料

猪肉馅250克，朝天椒适量，大蒜1/2头，鲜罗勒叶20克，青柿子椒1/2个，红柿子椒1/2个，鱼露5毫升，白糖5克，老抽3毫升，食用油适量。

制作过程

1. 青红柿子椒洗净，切丁；朝天椒洗净，切段后和大蒜一起捣碎。
2. 锅中注油，待油温升高后放入鲜罗勒叶，几秒后罗勒叶的颜色变深，捞起。
3. 锅中剩下炸过罗勒叶的底油，放入捣好的大蒜和朝天椒，煸炒出香味，放入猪肉馅，翻炒片刻。
4. 放入鱼露、白糖、老抽和青红柿子椒丁炒匀，起锅前，放入炸好的罗勒叶，关火即可。

烤豆皮

杭州知味观有一道名菜：炸响铃。

豆腐皮（如过干，要稍润一点水），瘦肉剁成细馅，加葱花细姜末，入盐，把肉馅包在豆腐皮内，成一卷，用刀剁成寸许长的小段，下油锅炸得馅熟皮酥，即可捞出。油温不可太高，太高豆皮易煳。

这菜嚼起来发脆响，形略似铃，故名响铃。做法其实并不复杂。肉剁极碎，成泥状（最好用刀背剁），平摊在豆腐皮上，折叠起来，如小钱包大，入油炸，亦佳。不入油炸，而以酱油冬菇汤煮，豆皮层中有汁，甚美。

北京东安市场拐角处解放前有一家肉店宝华春，兼卖南味熟肉，卖一种酒菜：豆腐皮切细条，在酱肉汤中煮透，捞出，晾至微干，很好吃，不贵。现在宝华春已经没有了。豆腐皮可做汤。炖酥腰（猪腰炖汤）里放一点豆腐皮，则汤色雪白。

——节选自汪曾祺《豆腐》

小时候放学，我总爱跑去吃学校门口的烤豆皮，一群孩子围在一起，就为了尝一口酥脆味浓的烤豆皮。后来我妈妈嫌学校门口的小摊贩不干净不卫生，便自己在家做给我吃，母亲的做法不难，做出来的烤豆皮也如门口摊贩卖的一样酥脆可口。

——Monica

材料

豆皮200克，甜面酱、蒜蓉辣酱、白芝麻、食用油各适量。

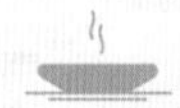

制作过程

1. 豆皮切成1寸长，卷好后用竹签穿好，每个竹签2～3卷。

2. 甜面酱和蒜蓉辣酱按照1：1的比例调好。

3. 平底锅放底油，将豆皮小火慢煎，可以借助铲子，慢慢按压，待豆皮周边微微泛黄即可。

4. 摆在盘中，刷上调好的酱料，撒上白芝麻即可。

幸福蜜语

豆皮中还可以包裹一些自己喜欢的蔬菜一起煎制。

韩式炒年糕

谈年糕以浙江宁波的水磨年糕称为首选，为什么宁波年糕这样出名呢？因为磨成米粉制作年糕的米，是宁波特产的上白“晚稻米”。宁波的农田一年两熟，分早稻和晚稻两种。早稻性质硬，食后耐饥；晚稻质软而滑，但没有胀性，用以做成年糕，一经制熟，吃起来觉得软滑可口，而且不黏牙齿，因为干燥适度，更能久藏不腐。

宁波年糕是不加糖的，所以要吃的时候可随心所欲。爱吃甜的用猪油和白糖来煮；爱吃咸的，花样就更多了，咸菜肉丝、黄芽菜肉丝，或者是菠菜；在宁波还有两种特产油菜和塌棵菜，都是配炒年糕的好材料；另外，喜欢吃汤的，有汤年糕；喜欢干吃的，有炒年糕；一样年糕，随个人口味可以有各种不同的吃法，滋味亦各不相同。

宁波年糕切成薄片，用高汤雪里蕻冬笋丝煮汤年糕，比吃刀削面还来得滑爽适口。有一年我在太原，适逢春节，赵戴文（次陇）先生请我在他家吃汤年糕。我心里想，山西的朋友做宁波汤年糕，恐怕未见高明，谁知端上来碧玉溶浆，柔香馔人，色香已列上选，吃到嘴里才知道是酸菠菜泥烩的，糕薄泥腴，太羹醇液，其味弥永。虽然事隔多年，现在想起来仍觉得其味醰醰呢！

年糕虽然甜咸皆有，但我总觉得咸可当餐下酒，当年柳诒征贡禾叔侄在世时，每年春禊在南京扫叶楼举行“白下诗钟雅集”，并以晒干莼菜冬笋切丝加鸡蛋炒宁波年糕饷客，桌上放置美国方瓶鸡汁酱油精，供客自调咸淡，入口芳鲜，为炒年糕中的隽品。

——节选自唐鲁孙《吃年糕年年高》

炒年糕可是韩剧中出镜率最高的美食之一了，软糯可口的年糕裹上酱红色的酱汁，咬一口，辛辣在嘴里散开，不知多少迷妹在被自己的偶像迷倒的同时，也被这炒年糕的美味所吸引。

——Monica

材料

火锅年糕300克，鱼糕100克，熟鸡蛋1个，洋葱1/2个，韩国辣酱5克，辣椒粉10克，白糖30克，胡椒粉、白芝麻、鱼露、盐、海鲜酱油各少许。

制作过程

1. 鱼糕随意切成几何形备用。
2. 洋葱按横竖各一刀分成4瓣，一片片扯开备用。
3. 韩国辣酱、辣椒粉、白糖、鱼露、盐用适量清水和海鲜酱油稀释拌匀。
4. 锅内放入适量水，倒入调好的酱汁煮开，放入年糕，中火煮到年糕浮起。
5. 放入洋葱、鱼糕煮至熟透，收汁（煮到年糕汤减少一半）。
6. 边收汁边放入少许胡椒粉，关火盛盘，撒上些许白芝麻。
7. 鸡蛋一分为二，摆在盘中即可食用。

幸福蜜语

有嚼劲的年糕，裹上甜甜辣辣的韩式辣酱，真的会让人忍不住一口接一口。

Part 4

美好如素，清欢有味

多数人都认为素食是寡淡无味的，却不想究竟是菜肴本身素淡，还是掌厨的人不够火候？只要掌握了正确的料理方式，素食也可以清欢有味。

香辣鱼豆腐

豆腐是用黄豆做的，它本身只有一种淡淡的味道，因此易于与其他食材搭配使用。豆腐有着与黄豆同样的营养价值，但是更易消化，滋味更好。

在中国，对穷人来说它是一种重要的食物。许多人能负担得起昂贵菜肴，他们亦经常把它与肉、鱼和其他海鲜搭配使用，但只有清炒白菜和豆腐才算是美好的家庭风味。

豆腐是一种通用食材，它可用来与其他任何风味食材一起清炖。它可以整块地放在油中深炸，直到外皮变成褐色。我们经常将调制好的肉馅填进它里面（就像镶黄瓜），然后整个红烧。豆腐甚至可以作为美式沙拉的一部分来食用。

——节选自杨步伟《清炒豆腐》

凉拌豆腐，最简单不过。买块嫩豆腐，冲洗干净，加上一些葱花，撒些盐，加麻油，就很好吃。若是用红酱豆腐的汁浇上去，更好吃。至不济浇上一些酱油膏和麻油，也不错。我最喜欢的是香椿拌豆腐。香椿就是庄子所说的“以八千岁为春，以八千岁为秋”的椿。取其吉利，我家后院植有一棵不大不小的椿树，春发嫩芽，绿中微带红色，摘下来用沸水一烫，切成碎末，拌豆腐，有奇香。可是别误摘臭椿，臭椿就是樗，本草李时珍曰：“其叶臭恶，歉年人或采食。”近来台湾也有香椿芽偶然在市上出现，虽非臭椿，但是嫌其太粗壮，香气不足。在北平，和香椿拌豆腐可以相提并论的是黄瓜拌豆腐，这黄瓜若是冬天温室里长出来的，在没有黄瓜的季节吃黄瓜拌豆腐，其乐也如何？比松花拌豆腐好吃得多。

——节选自梁实秋《豆腐》

杨先生和梁先生笔下的豆腐自是各成一道美味，香辣鱼豆腐是我偶然间在一个东北小馆儿吃到的，因为食材好找，所以也经常被我家厨房“翻牌子”。鱼豆腐是个挺好的食材，可以买些冻在冰箱里，做汤也好，炒炖也罢，很是百搭。

——Monica

材料

鱼豆腐250克，郫县豆瓣酱4克，香菜3根，洋葱1/4个，蒜瓣2个，白糖3克。

制作过程

1. 鱼豆腐一切为二，以便于入味；洋葱洗净切丝，香菜洗净，备用。
2. 热锅注油，将蒜瓣拍碎入锅，放入郫县豆瓣酱炒出香味，投入洋葱翻炒片刻。
3. 鱼豆腐和一半香菜入锅翻炒，加入少量水，盖上盖小火焖煮5分钟。
4. 放入白糖调味，立刻关火，拌匀，盛出装盘，加香菜点缀即可。

厨房笔记

鱼豆腐可用盐水提前浸泡，这样在翻炒的时候不容易碎。

尖椒土豆丝

上个月在建业大楼参加一处食品品评会，散会时，有一位二十多岁的青年朋友走过来跟我聊天。

他自我介绍叫尹志恒，是察哈尔怀来县人，父亲从小入川，在成都读书，母亲是贵州人，所以对于家乡风土人物饮食茫无所知。考进大学之后，同学中有爱开玩笑的说他是山药蛋，再不然就说他是吃羊毛的朋友，他听了心里非常别扭，难道察哈尔真就没有可以在人前夸耀的饮食了吗？

“素仰您是饮馔专家，请您指点指点，免得人家一说俏皮话，我就成了锯口葫芦，无言答对。”我说我虽然在察哈尔没久住过，可是来来去去也不止十趟八趟，在华北流行一句谚语：“察哈尔的三宗宝，山药、口蘑、大皮袄。”

山药蛋，不错，察哈尔普遍种植马铃薯，又叫洋芋，可是当地人用花椒油大火快炒洋芋丝，虽然是极普通的菜，咱们就是没人家炒得爽口好吃。后来细心跟人讨教，才知道洋芋切丝后要把洋芋上附着的淀粉洗去，才会爽脆好吃。口蘑丁鲜美清香，愈往南边运，香味愈芬烈，张家口的口蘑酱油跟湖南菌油，都是炒菜提味的圣品。

北方人过冬总得有件皮袄御寒，最普通的皮袄，自然是老羊皮啦。当然口外（察省张垣）的滩皮比不上宁夏的竹筒滩皮，可是九道弯萝卜丝的皮筒子，数九天穿在身上轻而且暖，也就够瞧老半天的了。

——节选自唐鲁孙《吃在察哈尔》

土豆是家里最常见的蔬菜，一是好做百搭，二来可以长时间储存。而尖椒土豆丝的吃法估摸大伙都不陌生，这也是父亲经常烹制的一道快手菜。不过他老人家总是在里面多加一味小食材，让这盘平凡的土豆丝拥有了大味道，以至于现在自己下厨房也喜欢这种做法。

——Monica

材料

土豆200克，尖椒1个，虾皮10克，盐、鸡精、葱、生抽、米醋各少许，食用油适量。

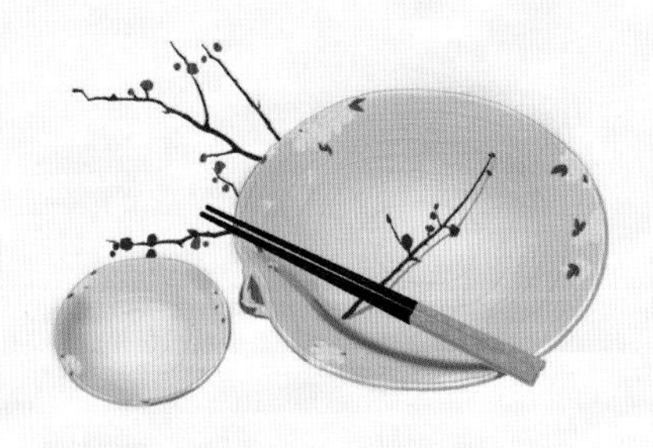

制作过程

1. 土豆去皮，切成丝，用水浸泡；尖椒切成丝，备用。
2. 平底锅加热，倒入食用油，加入少许葱和虾皮炝锅。
3. 待虾皮爆出香味，加入沥干水的土豆丝，此时立刻加入少许米醋翻炒。
4. 土豆丝炒至六成熟时，淋上少许生抽，如果此时锅中比较干，可以加入少许清水。
5. 加入尖椒丝炒至熟。
6. 关火，加入鸡精、盐，搅拌匀，盛入盘中即可。

厨房笔记

炒蔬菜时，想保持蔬菜清脆的口感，在蔬菜入锅后立刻加入少许醋便可。

姜汁豇豆

我小时最讨厌吃豇豆，只有两层皮，味道寡淡。从来北京，岁数大了，觉得豇豆也还好吃。人的口味是可以变的。比如我小时不吃猪肺，觉得泡泡囊囊的，嚼起来很不舒服。老了，觉得肺头挺好吃，与老人牙齿甚相宜。

嫩豇豆切寸段，入开水锅焯熟，以轻盐稍腌，滗去盐水，以好酱油、镇江醋、姜、蒜末同拌，滴香油数滴，可以"渗"酒。炒食亦佳。

——节选自汪曾祺《食豆饮水斋闲笔》

每当想吃点爽口的小菜时，我最喜欢做的就是这道姜汁豇豆。它不仅可以开胃，而且非常好做。特别是在炎炎夏日不想进厨房的时候，拌上这道小菜，来一瓶冰镇啤酒和一碗手调凉面，实在自在。

——Monica

材料

豇豆500克，醋20毫升，生姜、糖、芝麻油、酱油、盐各适量。

制作过程

1. 豇豆切段，锅内放入清水，倒入豇豆并加入几滴芝麻油，焯水后捞出，沥干水分。
2. 在装有醋的碗中加入盐、糖、酱油与几滴芝麻油，调制成味汁。
3. 生姜切成米粒大小，放入味汁中，再加入焯水后的豇豆拌匀即可。

幸福蜜语

姜汁豇豆做好之后，放入冰箱冷藏1小时食用，口味更佳。

黄油杏鲍菇

奶奶的身体原来就不好。她有个气喘的病，每年冬天都犯。白天还好，晚上难熬。萧胜躺在坑上，听奶奶喝喽喝喽地喘。睡醒了，还听她喝喽喝喽。他想，奶奶喝喽了一夜。可是奶奶还是喝喽着起来了，喝喽着给他到食堂去打早饭，打掺了假的小米饼子、玉米饼子。

爸爸去年冬天回来看过奶奶。他每年回来，都是冬天。爸爸带回来半麻袋土豆，一串口蘑，还有两瓶黄油。爸爸说，土豆是他分的；口蘑是他自己采、自己晾的；黄油是“走后门”搞来的。爸爸说，黄油是牛奶炼的，很“营养”，叫奶奶抹饼子吃。土豆，奶奶借锅来蒸了、煮了，放在灶火里烤了，给萧胜吃了。口蘑过年时打了一次卤。黄油，奶奶叫爸爸拿回去：“你们吃吧。这么贵重的东西！”爸爸一定要给奶奶留下。奶奶把黄油留下了，可是一直没有吃。奶奶把两瓶黄油放在躺柜上，时不时地拿抹布擦擦。

黄油是个啥东西？牛奶炼的？隔着玻璃，看得见它的颜色是嫩黄嫩黄的。去年小三家生了小四，他看见小三他妈给小四用松花粉扑痱子。黄油的颜色就像松花粉，油汪汪的，很好看。奶奶说，这是能吃的。萧胜不想吃。他没有吃过，不馋。

奶奶的身体越来越不好。她从前从食堂打回饼子，能一气走到家。现在不行了，走到歪脖柳树那儿就得歇一会儿。奶奶跟上了年纪的爷爷、奶奶们说：“只怕是过得了冬，过不得春呀。”萧胜知道这不是好话。这是一句骂牲口的话。“嗳！看你这乏样儿！过得了冬过不得春！”果然，春天不好过。村里的老头老太太接二连三地死了。镇上有个木业生产合作社，原来打家具、修犁耙，都停了，改了打棺材。村外添了好些新坟，好些白幡。奶奶不行了，她浑身都肿。用手指按一按，老大一个坑，半天不起来。她求人写信叫儿子回来。爸爸赶回来，奶奶已经咽了气了。

——节选自汪曾祺《黄油烙饼》

黄油是把新鲜牛奶加以搅拌之后，再将上层的浓稠状物体滤去部分水分之后的产物。黄油一般用作调味品，而且如果与菜品的搭配不当，会让人产生腻感。今天推荐的是黄油和杏鲍菇的搭配，杏鲍菇缺乏水分，单独烹饪会滋味寡淡，用黄油来烹饪可以增添顺滑的口感。

——Monica

材料

杏鲍菇2个，黄油5克，黑胡椒、海盐各适量。

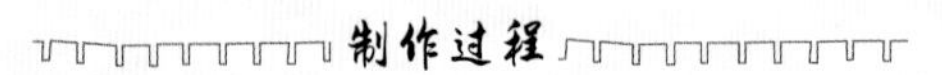

制作过程

1. 杏鲍菇切片待用。
2. 锅中放入黄油化开，用小火将杏鲍菇片煎熟。
3. 待杏鲍菇完全吃透了黄油的香味，盛出装盘。
4. 撒上一点点海盐和黑胡椒即可。

幸福蜜语

这道菜制作简单，平常还可以当作解馋的小零食哦。

虎皮尖椒

五味之中只有辣并非必要，可是我所最喜欢的却正是辣。生物的身体里本来自有咸酸苦甜各味，只需吸收原料，自能制造。人类因为文化的习惯，最简单的生活也还得需要咸味，其他也可以从略了。

五味学习的次序以甜为第一，次为咸酸，苦又在其次，至今用处还不大，芦芽微苦还可以吃，苦瓜便不普遍，虽然称作锦荔枝，小孩吃里边的红瓤，倒是常有的事，若是金鸡纳霜炖肉，到底没有人要请教了。

至于辣火，这名字多么惊人，也实在能够表示出它的德性来，火一般的烧灼你一下，吃不惯的人觉得这味觉真是已经进了痛的区域了。而且辣的花样也很繁多，容易辨得出来，不像别的那么简单，例如生姜辣得和平，青椒（乡下称为辣茄）很凶猛，胡椒芥末往鼻子里去，青椒则冲向喉咙，而且辣得顽固，不是一会儿就过去，却尽在那里辣着，辣火的嘉名原该是它所独占的。

我的辣量本也平常，但是我却爱它，当它作辣味的代表。胡椒芥末咖喱粉之流都是调味料，不能单吃，生姜也只有糖姜干湿两样以及酱油浸的，可以整块地吃，还是单调，青椒的用处就大了，辣酱、辣子鸡、青椒炒肉丝，固然也好，我却喜欢以青椒为主体的，乡下用肉片豆腐干片炒整个小青椒是其一，又一种是在南京学堂时常吃的腌红青椒入麻油，以长方的侉饼蘸吃，实是珍味，至今不曾忘记，但北京似没有那么厚实的红辣茄，想起来真真可惜也。

——节选自《亦报》，1950年5月16日，周作人

我虽不喜吃辣，但这道虎皮尖椒却是一定要推荐的。尖椒的清新之辣裹着米醋的酸味不断地刺激着味蕾，这等酱香味美的佳肴不仅开胃，还会让人回味无穷。

——Monica

材料

绿尖椒5根，大蒜5瓣，白糖5克，米醋4毫升，生抽3毫升，食用油适量。

制作过程

1. 绿尖椒洗净，沥干水分，剪开后去籽待用。
2. 煎锅内放入适量的油，将尖椒逐个用小火煎至皱皮，也作“虎皮”。
3. 盘中可以垫上些吸油纸，将煎好的尖椒放入盘中吸油备用。
4. 米醋和生抽调和后，加入白糖搅匀成酱汁。
5. 大蒜捣碎后用锅中剩余油分爆香，再放入煎好的尖椒，淋入酱汁烹出香气，收汁关火。

幸福蜜语

如果不怕辣，可以不用去掉尖椒的籽哦。

冬瓜汤饭

冬瓜除了充做家常的菜品外，还有两种特殊的吃法和一种特殊的用途。一种是粤菜馆里的夏令常有的冬瓜盅：以半个冬瓜作为盛汤之盅，空其中，纳入鲜莲实、鸡鸭火腿粒、冬菇鲜笋等，炖而熟之，瓜汁内注，味极清鲜。夏日食此，取其鲜而不腻。其次是粤人饼店所卖的冬瓜荷叶水。家庭内亦有以冬瓜荷叶熬清汤，绝无油盐，以为消渴解暑之品，店中所售，则加上甜味，是家庭食品而商品化了。

——节选自张亦庵《瓜》

说起这道菜，菜名就透露了它的主材。虾皮和冬瓜真的是绝配，我曾经试过用很多食材和冬瓜搭配，但最简单、最能让冬瓜足足吸收对方食材香味的，就是虾皮。

——Monica

材料

虾皮适量，冬瓜300克，大米150克，葱、盐、白胡椒粉、芝麻油、香菜末、食用油各适量。

制作过程

1. 大米淘洗干净，用电饭锅将米饭煮好；冬瓜切薄片备用。
2. 取一口汤锅，稍稍加热后放入底油，略等片刻，放入葱和虾皮炝锅，待虾皮爆出香味，放入冬瓜翻炒1分钟。
3. 直接在锅中加入足够量的清水，盖上盖，待开锅后转小火继续煮5～8分钟。
4. 关火后，根据自己的口味加入白胡椒粉、盐、芝麻油拌匀，撒上香菜末、配上米饭就可以开动啦。

京味儿豆腐脑

不知道为什么，北京的老豆腐现在见不着了，过去卖老豆腐的摊子是很多的。老豆腐其实并不老，老，也许是和豆腐脑相对而言。老豆腐的佐料很简单：芝麻酱、腌韭菜末。爱吃辣的浇一勺青椒糊。坐在街边摊头的矮脚长凳上，要一碗老豆腐，就半斤旋烙的大饼，夹一个薄脆，是一顿好饭。

四川的豆花是很妙的东西，我和几个作家到四川旅游，在乐山吃饭。几位作家都去了大馆子，我和林斤澜钻进一家只有穿草鞋的乡下人光顾的小店，一人要了一碗豆花。豆花只是一碗白汤，啥都没有。豆花用筷子夹出来，蘸“味碟”里的佐料吃。味碟里主要是豆瓣。我和斤澜各吃了一碗热腾腾的白米饭，很美。

豆花汤里或加切碎的青菜，则为“菜豆花”。北京的豆花庄的豆花乃以鸡汤煨成，过于讲究，不如乡坝头的豆花存其本味。

北京的豆腐脑过去是浇羊肉口蘑渣熬成的卤。羊肉是好羊肉，口蘑渣是碎黑片蘑，还要加一勺蒜泥水。现在的卤，羊肉极少，不放口蘑，只是一锅稠糊糊的酱油黏汁而已。

即便是过去浇卤的豆腐脑，我觉得也不如我们家乡的豆腐脑。我们那里的豆腐脑温在紫铜扁钵的锅里，用紫铜平勺盛在碗里，加秋油、滴醋、一点点麻油、小虾米、榨菜末、芹菜（药芹即水芹菜）末。清清爽爽，而多滋味。

——节选自汪曾祺《豆腐》

说起豆腐脑，必定会引发甜咸之争。南方人会比较偏爱甜豆腐脑，而北方人则偏爱咸豆腐脑。无论是甜豆腐脑还是咸豆腐脑都各有特点，我就是甜咸都爱。今天推荐的是一道咸豆腐脑，它更有老北京的味道。

——Monica

材料

内酯豆腐1盒，鸡蛋2个，八角、干木耳各适量，干香菇5个，干银鱼8克，老抽4毫升，生抽5毫升，姜、盐、鸡精各3克，葱、淀粉各5克。

制作过程

1. 干香菇和干木耳提前泡发。

2. 葱、姜、八角炝锅，放入老抽和生抽，加入水。

3. 放入香菇、木耳、干银鱼，等待开锅；淀粉加水按照1：3的比例调匀。

4. 开锅后，放入盐、鸡精，倒入一半水淀粉。

5. 鸡蛋打散，均匀地倒入锅中，这个时候不要搅拌，等开锅后倒入另外一半水淀粉。

6. 内酯豆腐用勺挖大块放入锅中，开锅后关火，盛出装碗即可。

蒜蓉粉丝蒸白菜

在北平，白菜一年四季无缺，到了冬初便有推小车子的小贩，一车车的白菜沿街叫卖。普通人家都是整车的买，留置过冬。夏天是白菜最好的季节，吃法太多了，炒白菜丝、栗子烧白菜、熬白菜、腌白菜，怎样吃都好。但是我最欣赏的是菜包。

取一头大白菜，择其比较肥大者，一层层地剥，剥到最后只剩一个菜心。每片叶子上一半作圆弧形，下一半白菜帮子酌量切去。弧形菜叶洗净待用。准备几样东西：

一、蒜泥拌酱一小碗。二、炒麻豆腐一盘。麻豆腐是绿豆制粉丝剩下来的渣子，发酵后微酸，作灰绿色。此物他处不易得，用羊尾巴油炒最好，加上一把青豆更好，炒出来像是一摊烂稀泥。三、切小肚儿丁一盘。小肚儿是猪尿泡灌猪血芡粉煮成的，作粉红色，加大量的松子在内，有异香。酱肘子铺有卖。四、炒豆腐松。炒豆腐成碎屑，像炒鸽松那个样子，起锅时大量加葱花。五、炒白菜丝，要炒烂。

取热饭一碗，要小碗饭大碗盛。把蒜酱抹在菜叶的里面，要抹匀。把麻豆腐、小肚儿、豆腐松、炒白菜丝一起拌在饭碗里，要拌匀。把这碗饭取出一部分放在菜叶里，包起来，双手捧着咬而食之。吃完一个再吃一个，吃得满脸满手都是菜汁饭粒，痛快淋漓。

据一位旗人说这是满洲人吃法，缘昔行军时沿途取出菜叶包剩菜而食之。但此法一行，无不称妙。我曾数度以此待客，皆赞不绝口。

——节选自梁实秋《菜包》

梁先生介绍的这道用白菜做的菜包，让人看了有忍不住动手试一试的冲动，也正如梁先生说的，白菜的吃法太多了。我推荐给大家的这道蒜蓉粉丝蒸白菜，用甜嫩鲜美的白菜配上香喷喷的蒜蓉，蒸出来的味道特别的香，也特别好吃。

——Monica

材料

白菜300克，水发粉丝60克，蒜蓉30克，盐4克，味精3克，鸡粉2克，酱油、食用油各适量。

制作过程

1. 白菜洗净，切成瓣，装盘；水发粉丝切段，装入碗中。
2. 白菜上撒少许盐、味精；粉丝加入少许盐、味精、鸡粉、食用油和酱油，拌匀。
3. 蒜蓉加盐、味精、食用油，拌匀；粉丝均匀地铺在白菜上，再撒上蒜蓉。
4. 装好盘的白菜转至烧开的蒸锅中，盖上锅盖，大火烧开后转小火蒸10分钟左右至菜熟。
5. 揭开锅盖，取出蒸锅中的白菜，淋上少许熟油即可。

厨房笔记

蒸白菜前先放入大部分蒜蓉，待蒸好后再将剩余的蒜蓉撒在上面，味道更香。

干煸豇豆

河北省酱菜中有酱豇豆，别处似没有。北京的六必居、天源，南方扬州酱菜中都没有。保定酱豇豆是整根酱的，甚脆嫩，而极咸。河北人口重，酱菜无不甚咸。

豇豆米老后，表皮光洁，淡绿中泛浅紫红晕斑。瓷器中有一种“豇豆红”就是这种颜色。曾见一豇豆红小石榴瓶，莹润可爱。中国人很会为瓷器的釉色取名，如“老僧衣”“芝麻酱”“茶叶末”，都甚肖。

——节选自汪曾祺《食豆饮水斋闲笔》

豇豆的吃法不少，这种干煸的法子还是在朋友那学的。用料很简单，但味道却可以点个大大的赞。

——Monica

材料

豇豆300克，大蒜10粒，生抽、糖、鸡精、盐、食用油各适量。

制作过程

1. 豇豆洗净，用厨房纸擦干水分；大蒜切片，备用。
2. 平底锅中放入比平时炒菜略为多一点儿的油，豇豆分批放入锅中，用中小火煸炒，待豇豆表面褶皱、略有虎皮时捞出，备用。
3. 锅留底油加热，下入蒜片爆香，放入煸好的豇豆，根据自己的口味倒入生抽翻炒。
4. 加入少许清水，盖上盖焖3～5分钟至豇豆全熟后，用大火收汁。
5. 关火，加入糖、鸡精、盐拌匀即可。

酱茄子

家常饭菜不过是在茄子、冬瓜、毛豆、扁豆、青椒、黄瓜、苤蓝这几样上想法子。茄子有荤素好多种做法，从新年以后菜市场上就有洞子货的茄子出卖，不过有包子那么大，不是普通人家吃得起的。

五月节以后茄子不贵了，大家才能吃，荤的素的有好多样吃法，红烧茄子是把茄子切成片，用油炸过，用肥瘦适中的猪肉切成片，放宽汁水，加上团粉，把茄子片加入烧好，加口蘑丁和青毛豆或嫩豇豆为配料，颜色鲜明，颇能引人食欲，北海仿膳最出名的就是烧茄子。有人不用猪肉，改用大虾米，也很好。

再有一个法子就是"酿茄子"，把茄子削去外皮，切成二三分厚的片儿，用刀划上些横竖的纹，用油炸过，把肥猪肉剁碎了，用酱油和好，一层肉一层茄片杂放在大海碗里，在火上蒸烂，味儿浓厚，颇为下饭，只是好淡素的人不很欢迎。

其他做法如把茄子切成丝，用羊肉丝炒成，做好加老醋、胡椒末，叫"炒假鳝鱼丝"。再有把茄子切成斜方块，用砂锅，不加油，只用盐水加黄豆煮成，叫作"清酱茄"。炝茄丝加韭菜，叫"老虎茄"。还有一法是把茄子切片，夹上和好剁碎的猪肉或羊肉，用面糊一裹，炸好，就叫"炸茄饺"。有时切片切得厚了，炸不透，吃到嘴里，觉得有生茄子味，不太好吃。用大海茄放在灶口一烧，烧熟了，剥去外皮，里面已经烂了，加上芝麻酱一拌，或加黄瓜丝或加熟毛豆，拌好凉吃，叫"拌茄泥"。淡素宜人，最为可口，真是夏季的好家常菜。

——节选自识因《夏季北京的家常菜》

茄子的食用方法很多，但是无论什么方法，烹饪过度都会让茄子过分软腻，使口感变差。这道酱茄子，简单的烹饪就让茄子酱香鲜美，搭配米饭更加适合哦。

——Monica

材料

长茄子1根，甜面酱20克，芝麻油8毫升，白糖10克，葱白末20克，食用油适量。

制作过程

1. 茄子切成四瓣，上锅蒸10～15分钟至熟。
2. 甜面酱、芝麻油、白糖放入小碗中混合，可以和茄子同锅蒸。
3. 锅中放入食用油，加入10克葱白末、茄子进行翻炒。
4. 加入蒸好的酱料，翻炒均匀，关火。
5. 出锅前放入剩下的10克葱白末，炒匀即可。

幸福蜜语

整根的茄子经过煸炒，再加入大酱炖制，酱香浓郁，风味独特。

糖醋藕片

报上说到玄武湖的莲花的用处，题曰《冬天吃藕》，有云：“藕可做丸子，炒藕丝，切了块烧在粥饭中。”

藕在果品中间的确是一种很特别的东西，巧对故事里的一弯西子臂，七窍比干心，虽似试帖诗的样子，实在是很能说出它的特别地方来。当作水果吃时，即使是很嫩的花红藕，我也不大佩服，还是熟吃觉得好。

其一是藕粥与蒸藕，用糯米煮粥，加入藕去，同时也制成蒸藕了，因为藕有天然的空窍，中间也装好了糯米去，切成片时很是好看。

其二是藕脯，实在只是糖煮藕罢了，把藕切为大小适宜的块，同红枣、白果煮熟，加入红糖，这藕与汤都很好吃，乡下过年祭祖时，必有此一品，为小儿辈所欢迎，还在鲞冻肉之上。

其三是藕粉，全国通行，无须赘说。

三者之中，藕脯纯是家常吃食，做法简单，也最实惠耐吃，藕粥在市面上只一个时候有卖，风味很好，却又是很普通的东西，从前只要几文钱就可吃一大碗，与莩粥、豆腐浆相差不远。藕粉我却不喜欢，吃时费事自是一个原因，此外则嫌它薄的不过瘾，厚了又不好吃，可以说是近于鸡肋吧。

——节选自周作人《藕的吃法》

藕是家常菜中常用的食材之一，其味清甜，可以凉拌，也可以清炒。今天推荐的是这道糖醋藕片。将藕片的清甜与醋香结合，既松香清脆，又酸爽可口。

——Monica

材料

莲藕1节，米醋15毫升，糖15克，老抽5毫升，鸡精、盐、花椒各少许，食用油适量。

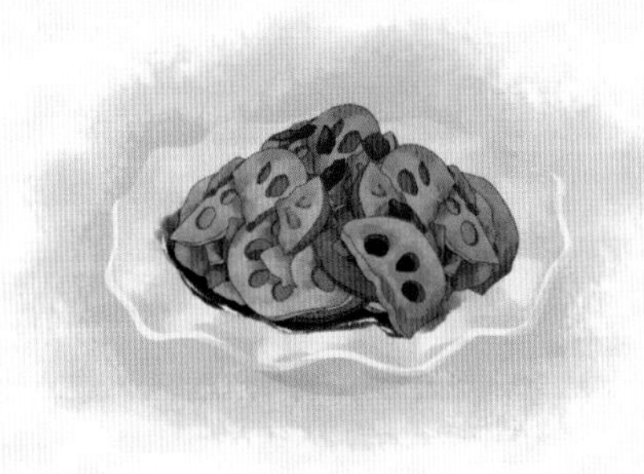

制作过程

1. 莲藕去皮，切片，焯水后用凉水冲洗一遍，备用。
2. 热锅注油，放入少许花椒煸炒片刻，放入藕片，加入米醋继续翻炒。
3. 加入老抽，如果锅中汤汁较少，加适量清水后继续烹煮。
4. 炒至成熟后关火，放入糖、鸡精、盐拌匀，盛盘即可。

幸福蜜语

藕片切好后，浸泡在清水中，一方面洗去其中的黏性物质，另一方面防止其变色，炒出其色不好看。

Part 5

幸福就是大口吃肉

很多人在追问幸福是什么，其实幸福就是来自你心底的一份感受。对于吃货而言，幸福应该就是能够大口吃肉，对着美食大快朵颐吧！

酱爆鸡丁

鸡被视为比肉更特别。鸡有另一个特点，那就是它在中国很实用。因为家里一旦来了客人，就有充分的理由做一只鸡，而肉只有在赶集的日子才能在乡村市集上买到。

——节选自杨步伟《鸡》

鸡肉的口感偏嫩滑，用料酒调味便足以提出鸡肉的鲜美。我推荐的这款是酱爆鸡丁，鸡丁的嫩滑裹上酱料的爽口，加上黄瓜的清脆，带来舒爽的味觉体验。

——Monica

材料

鸡胸肉250克，黄瓜1根，鸡蛋1个，料酒10毫升，甜面酱25克，砂糖15克，芝麻油10毫升，葱末、盐、食用油各适量。

制作过程

1. 甜面酱与砂糖、芝麻油混合后调匀，上锅蒸10分钟。
2. 鸡蛋打开，取蛋清；黄瓜洗净，切丁，备用；鸡胸肉洗净，切成丁，放入少许盐与鸡蛋清抓匀。
3. 热锅中倒入适量食用油，放入葱末、鸡丁翻炒，加入料酒，待鸡丁变色，放入蒸好的酱料，继续煸炒约1分钟。
4. 放入黄瓜丁继续翻炒约20秒即成。

厨房笔记

鸡肉用蛋清抓一下再炒，肉质会保持鲜嫩。黄瓜出锅前再放，才不会影响口感。

红烧肉

浙江杭州、四川眉山，全国到处都有东坡肉。苏东坡爱吃猪肉，见于诗文。东坡肉其实就是红烧肉，功夫全在火候。先用猛火攻，大滚几开，即加作料，用微火慢炖，汤汁略起小泡即可。东坡论煮肉法，云须忌水，不得已时可以浓茶烈酒代之。完全不加水是不行的，会焦煳粘锅，但水不能多。要加大量黄酒。扬州炖肉，还要加一点高粱酒。加浓茶，我试过，也吃不出有什么特殊的味道。

传东坡有一首诗："无竹令人俗，无肉令人瘦，若要不俗与不瘦，除非天天笋烧肉。"未必可靠，但苏东坡有时是会写这种打油体的诗的。冬笋烧肉，是很好吃。我的大姑妈善做这道菜，我每次到姑妈家，她都做。

——节选自汪曾祺《东坡肉》

"东坡肉"无人不知。究竟怎样才算是正宗的东坡肉，则去古已远，很难说了。幸而东坡有一篇"猪肉颂"：净洗铛，少著水，柴头罨烟焰不起。待他自熟莫催他，火候足时他自美。黄州好猪肉，价贱如泥土，贵者不肯食，贫者不解煮。早晨起来打两碗，饱得自家君莫管。

看他的说法，是晚上煮了第二天早晨吃，无他秘诀，小火慢煨而已。也是循蜡头炖肉的原理。就是坛子肉的别名吧？一日，唐嗣尧先生招余夫妇饮于其巷口一餐馆，云其佛跳墙值得一尝，乃欣然往。小罐上桌，揭开罐盖热气腾腾，肉香触鼻。是否及得杨三郎先生家的佳制固不敢说，但亦颇使老饕满意。可惜该餐馆不久歇业了。

我不是远庖厨的君子，但是最怕做红烧肉，因为我性急而健忘，十次烧肉九次烧焦，不但糟蹋了肉，而且烧毁了锅，满屋浓烟，邻人以为是失了火。近有所谓电慢锅者，利用微弱电力，可以长时间地煨煮肉类；对于老而且懒又没有记性的人颇为有用，曾试烹近似佛跳墙一类的红烧肉，很成功。

——节选自梁实秋《佛跳墙》

说到肉类，最先想到的就是红烧肉，家家饭桌上都有红烧肉，家家都会做红烧肉，但是每家的红烧肉味道都不尽相同，今天推荐的红烧肉的做法，简单易学，做出来的红烧肉色泽亮丽，味道鲜美而不油腻。

——Monica

材料

五花肉750克，八角2粒，香叶1片，冰糖50克，胡萝卜1/2根，香菜1根，大葱、姜片、山楂片、老抽、生抽、料酒、蚝油、桂皮、食用油各适量。

制作过程

1. 五花肉切块，用水浸泡2个小时去除血水和腥味；胡萝卜洗净，切块。
2. 取一口深锅，放入泡好的肉，加入能够没过肉的凉水，充分煮出血沫后将血沫撇出去，续煮10分钟，将油脂煮出，捞出肉块控水。
3. 取一口平锅，放入少许底油，将控好水的肉块下锅煸炒出油脂，待五花肉微焦盛盘，倒出锅内多余油分，留一点底油，开小火。
4. 八角、香叶、大葱、姜片、胡萝卜、香菜、桂皮加入锅中煸炒，待略微爆出香味，放入老抽、生抽、料酒、蚝油熬一会儿。
5. 锅中加入清水烧开，将煸好的肉块放入锅内，加入冰糖与山楂片，水沸腾后转至中火，盖上盖继续焖煮40分钟以上至肉成熟。
6. 转大火，翻炒收汁，盛出装盘即可。

烧带鱼

渔民运气好的碰上两三万斤大鱼带子，可以一网而罟，发个小财。带鱼进入盛产期，青岛带鱼便宜到给钱就卖，码头上的搬运脚行，原本是以火烧扛子头一类坚硬面饼为主食的，这样才精力充沛能耐重载，可是一到带鱼季节就不吃面饼，改吃带鱼当饭啦！外省人初履斯土，还觉得以鱼当饭，未免太奢侈点了，殊不知吃带鱼比吃杂粮还便宜，而且可以增加耐力呢！

带鱼到了旺季，青岛无论市集庙会，到处都有捧着大笼屉，在人群里穿梭叫卖蒸带鱼的，一掀笼屉盖，香闻十里，腴肪馔人，整个笼屉里，都排满四寸多长一块的带鱼段，热气腾腾，滑嫩凝霜。蒸带鱼的做法说起来极为简单，把带鱼用水轻轻洗净，勿伤银鳞，用花椒、盐、姜汁、料酒涂匀，上锅蒸透即可大嚼。当年柯劭忞敏太史，最爱吃这种蒸带鱼，据说做法看起来简单，可是手法各有巧妙不同，用料多寡，蒸时久暂，火力大小，都是有讲究的。青岛一地卖蒸带鱼的无虑千百人，其中一位日照人称“曹大胡子”的，允称个中高手。柯老告诉人，他年轻时候，以鱼代饭，有一次吃四斤蒸带鱼的最高记录。后来入京供职，令人知道他的特嗜，每每从山东携来蒸带鱼，请他老人家尝尝家乡风味，此刻即便有盛筵相招，他也宁愿辞盛筵而在家中大啖蒸带鱼。林长民说：“柯老是舍熊掌而就鱼的老叟，他还特地请陈宝琛太傅写了‘鱼乐居’三个字横幅给他。”可见蒸带鱼对柯老来说是多么醉人了。

——节选自唐鲁孙《鱼香十里带鱼肥》

带鱼，又称刀鱼。这种炖带鱼的方式是我父亲教我的，材料简单，操作上也非常容易，与以往煎炸方式不同的是，带鱼不需要裹面粉再炸。步骤简化了，美味却有过之而无不及，做出来的鱼骨也是酥酥的，非常好入口。

——Monica

材料

带鱼500克，蒜25克，葱20克，姜4片，料酒25毫升，生抽30毫升，醋35毫升，老抽5毫升，糖25克，盐3克，大蒜3瓣，花椒2克，食用油适量。

制作过程

1. 带鱼处理干净后切段，用纸巾擦干内外水分，备用。
2. 锅内注油，放入1片姜片，待油起小泡，转小火，放入带鱼段，煎炸至成熟，两面呈金黄色，盛盘备用。
3. 锅中留油，将带鱼段和其他所有材料放入锅中，加入热水，盖上盖小火焖煮15～20分钟至收汁入味即可。

厨房笔记

带鱼清洗后一定要将水分擦干，以免煎炸时溅油。建议选一口奶锅做炸锅，因为其锅体小巧高深，可以减少油量，又能较好地漫过食物。

减脂鸡胸沙拉

野鸡披胸肉，轻酱郁过，以网油包，放铁奁上烧之。做方片可，做卷子亦可，此一法也。切片加作料炒，一法也。取胸肉做丁，一法也。当家鸡整煨，一法也。先用油灼，拆丝加酒、秋油、醋，同芹菜冷拌，一法也。生片其肉，入火锅中，登时便吃，亦一法也。其弊在肉嫩则味不入，味入则肉又老。

——节选自袁枚《随园食单》

鸡胸肉的脂肪含量较低，蛋白质含量较高，是减肥者的最爱。而且沙拉单独吃会略显单调，搭配鸡胸肉就好多了，不仅口感提升了，能量也补充满满啦。

——Monica

材料

鸡胸肉200克，苦菊半棵，圣女果8个，橄榄油、黑胡椒、果醋、盐各适量，糖少许。

制作过程

1. 鸡胸肉或煎或直接水煮至熟，切成小块；圣女果切成两瓣；苦菊洗净甩干，掰开备用。
2. 橄榄油、黑胡椒、果醋、糖、盐混合调匀，制成酱料。
3. 鸡肉块倒入酱料中，搅拌均匀，加入圣女果、苦菊拌匀即可。

幸福蜜语

这道低脂鸡胸沙拉是减脂者最好的选择哦。

咖喱鱼丸

初到台湾，见推车小贩卖鱼丸，现煮现卖，热腾腾的。一碗两颗，相当大。一口咬下去，不大对劲，相当结实。丸与汤的颜色是混浊的，微呈灰色，但是滋味不错。

我母亲是杭州人，善做南方口味的菜，但不肯轻易下厨，若是偶然操动刀俎，也是在里面小跨院露天升起小火炉自设锅灶。每逢我父亲一时高兴从东单菜市买来一条欢蹦乱跳的活鱼，必定亲手交给母亲，说："特烦处理一下。"就好像是绅商特烦名角上演似的。母亲一看是条一尺开外的大活鱼，眉头一皱，只好勉为其难，因为杀鱼不是一件愉快的事。母亲说，这鱼太活了，宜做鱼丸。但是不忍心下手宰它。我二姊说："我来杀。"从屋里拿出一根门闩。鱼在石几上躺着，一杠子打下去未中要害，鱼是滑的，打了一个挺，跃起一丈多高，落在房檐上了。于是大家笑成一团，搬梯子，上房，捉到鱼便从房上直摔下来，摔了个半死，这才从容开膛清洗。幼时这一幕闹剧印象太深，一提起鱼丸就回忆起来。

做鱼丸的鱼必须是活鱼，选肉厚而刺少的鱼。像花鲢就很好，我母亲叫它作厚鱼，又叫它作纹鱼，不知这是不是方言。剖鱼为两片，先取一片钉其头部于木墩之上，用刀徐徐斜着刃刮其肉，肉乃成泥状，不时地从刀刃上抹下来置碗中。两片都刮完，差不多有一碗鱼肉泥。加少许盐，少许水，挤姜汁于其中，用几根竹筷打，打得越久越好，打成糊状。不需要加蛋白，鱼不活才加蛋白。下一步骤是煮一锅开水，移锅止沸，急速用羹匙舀鱼泥，用手一抹，入水成丸，丸不会成圆球形，因为无法搓得圆，连成数丸，移锅使沸，俟鱼丸变色即是八九分熟，捞出置碗内。再继续制作。手法要快，沸水要控制得宜，否则鱼泥有入水涣散不可收拾之虞。煮鱼丸的汤本身即很鲜美，不需高汤。将做好的鱼丸倾入汤内煮沸，撒上一些葱花或嫩豆苗，即可盛在大碗内上桌。当然鱼丸也可红烧，究不如清汤本色，这样做出的鱼丸嫩得像豆腐。

——节选自梁实秋《鱼丸》

咖喱真是非常有趣，因为世界上本没有咖喱这种东西，它是用多种食材调味出来的调味品。当咖喱遇到鱼丸，碰撞出来的火花可就不止一点点了，咖喱和鱼丸这两种美味结合在一起，有咖喱的酱香，也有鱼丸的滑嫩，浇在米饭上更是极好的。

——Monica

材料

鱼丸15颗，咖喱块1盒，白萝卜半根，柠檬汁适量，洋葱1/3个，黄油15克，黑巧克力2小块，椰浆45毫升。

制作过程

1. 白萝卜切成适当大小的块状；洋葱切碎备用。
2. 取一口深锅，将黄油放入其中，待其化开后放入洋葱碎爆香，放入白萝卜煸炒片刻。
3. 鱼丸放入锅中，加入清水，没过食材，放入咖喱块，加入黑巧克力，盖上盖用中火煮10分钟。
4. 待汤汁微微收汁，加入椰浆拌匀，大火再次收汁，收汁时要不停翻炒，以免煳锅。
5. 出锅前滴入几滴柠檬汁，提一下香味即可。

厨房笔记

煮咖喱时放少量黑巧克力是咖喱好吃的窍门。另外，咖喱比较容易煳锅，最后收汁阶段需要不停搅拌。

熏鱼

糟鱼一定要用青鱼，活青鱼用大粒盐搓遍鱼内外，腌晒风干后，用酒酿浸渍起来，等到纤维坚韧，肉现殷红，在鱼块上堆置原制酒酿，加上姜、葱、猪油丁，文火蒸熟，质腴飘香，袭人欲醉。当年袁豹岑住在上海时，他有一位姬人，出身嘉兴烟雨楼船娘，对于蒸糟鱼，别具妙手，留客消夜有时配冬菜，有时配扇尖火腿，花样百出。每令人健饭加餐，必定食尽其器方能罢手。

——节选自唐鲁孙《糟蛋和糟鱼》

熏鱼炸面筋，背着红漆柜子满街吆喝熏鱼炸面筋，可是这两样吃食，十问九没有。他所卖的大半都是猪头上找，再不就是猪内脏。

卖熏鱼的有帮，十来个人就成立一个锅伙。大锅卤，大锅熏，然后背起柜子各卖各的。江南俞五初到北平，住在南池子玛夏喇庙里，庙里就住了一群锅伙，就这样，俞振飞不知不觉把卖熏鱼的猪肝吃上瘾，只要是三五知己小酌，俞五总会带一包卤猪肝去。

卖熏鱼的猪肝不知怎么卤的，一点儿不咸，还有点儿甜味，下酒固佳，白嘴也不会嫌咸叫渴。此外卖熏鱼的还卖去皮熏鸡蛋，也不知道他们是怎么挑的，每个都比鸽子蛋大不了多少。他们还代卖发面小火烧，一个火烧夹一个熏鸡蛋正合适，小酌之余，每人来上一两个小火烧也就饱啦。

——节选自唐鲁孙《北平的红柜子·熏鱼儿·炸面筋》

熏鱼主要产自江苏、浙江、上海一带，作为当地过年必备的食品，熏鱼温中补虚，有利湿、暖胃和平肝、祛风等功效。而且熏鱼一般使用鲤鱼，鲤鱼的蛋白质不但含量高，而且质量也佳，鲤鱼的脂肪多为不饱和脂肪酸，能很好地降低胆固醇，可以防治动脉硬化、冠心病。

——Monica

材料

鲤鱼1条，姜片、葱段各30克，盐10克，花椒2克，料酒10毫升，松枝15根，白糖45克，酱油5毫升，蚝油3克，蒸鱼豉油5毫升，食用油适量。

制作过程

1. 鲤鱼处理干净后切成段，放入姜片、葱段、盐、花椒、料酒腌至入味；酱油、15克白糖、蚝油、蒸鱼豉油混合，调制成酱汁；热锅注油。
2. 鱼段下入锅中，炸至水分完全蒸发后，捞出放入酱汁中吸汁，再捞出放在箅子上。
3. 锅中铺上锡纸，放入白糖，松枝放在白糖层上，将箅子与鱼放入锅中，大火焖约3分钟后关火，待烟散去即可。

厨房笔记

判断鱼里面的水分蒸发干净的依据是，锅中大油花消失，变成均匀的小油泡。熏鱼的松枝可以换成茶叶，熏鱼汁是甜咸口，大家可以根据自身喜好调配。

糖醋小排

《礼记》有"毋啮骨"之诫，大概包括啃骨头的举动在内。糖醋排骨的肉与骨是比较容易脱离的，大块的骨头上所连带着的肉若是用牙齿咬断下来，那龇牙咧嘴的样子便觉不大雅观。所以"割不正不食""席不正不食"都是对于在桌面上进膳的人而言，啮骨应该是桌底下另外一种动物所做的事。不要以为我们一部分人把排骨吐得噼啪响便断定我们的吃相不佳。各地有各地的风俗习惯。世界上至今还有不少地方是用手抓食的。听说他们是用右手取食，左手则专供做另一种肮脏的事，不可混用，可见也还注重清洁。

——节选自梁实秋《吃相》

糖醋小排又称糖醋排骨，是一道色香味俱全的地方传统名肴，属于浙菜系。它色泽油亮，口味酸甜，十分下饭。小时候过年最爱吃的就是糖醋排骨，那酸酸甜甜的味道不知道让我有多欢喜。

——Monica

材料

猪小排 500克，料酒15毫升，盐3克，酱油10毫升，米醋35毫升，冰糖30克，蒜1头，姜1小块，山楂片4片，食用油适量。

制作过程

1. 猪小排提前泡水2小时，去除一部分血水。

2. 锅中倒入适量清水，泡好的小排放入锅中煮10分钟，捞出沥干。

3. 热锅中倒入适量食用油，加入排骨和蒜瓣炸香，关火，盛盘备用。

4. 锅内剩余少量底油，开小火，放入冰糖，用锅铲不停地画圈搅拌，待其变成琥珀色时离火，迅速倒入排骨拌匀。

5. 倒入开水，没过排骨，放入米醋、料酒、姜、酱油、盐、山楂片，盖上盖炖煮30~40分钟，用筷子可以轻松穿透骨头即可。

酱牛肉

牛肉馆的牛肉是分门别类地卖的。最常见的是汤片和冷片。白牛肉切薄片，浇滚烫的清汤，为汤片。冷片也是同样旋切的薄片，但整齐地码在盘子里，蘸甜酱油吃（甜酱油为昆明所特有）。汤片、冷片皆极酥软，而不散碎。听说切汤片冷片的肉是整个一边牛蒸熟了的，我有点不相信：哪里有这样大的蒸笼、这样大的锅呢？但切片的牛肉确是很大的大块的。牛肉这样酥软，火候是要很足。

有人告诉我，得蒸（或煮？）一整夜。其次是“红烧”。“红烧”不是别的地方加了酱油焖煮的红烧牛肉，也是清汤的，不过大概牛肉曾用红染过，故肉呈胭脂红色。“红烧”是切成小块的。这不用牛身上的“好”肉，如胸肉腿肉，带一些“筋头巴脑”，和汤、冷片相较，别是一种滋味。

还有几种牛身上的特别部位，也分开卖。却都有代用的别名，不“会”吃的人听不懂，不知道这是什么东西。如牛肚叫“领肝”，牛舌叫“撩青”。很多地方卖舌头都讳言“舌”字，因为“舌”与“蚀”同音。无锡陆稿荐卖猪舌改叫“赚头”。广东饭馆把牛舌叫“牛脷”，其实本是“牛利”，只是加了一肉月偏旁，以示这是肉食。这都是反“蚀”之意而用之，讨个吉利。把舌头叫成“撩青”，别处没有听说过。稍想一下，是有道理的。牛吃青草，都是用舌头撩进嘴里的。这一别称很形象，但是太费解了。

——节选自汪曾祺《牛肉》

酱牛肉是源于内蒙古呼和浩特的特色名菜，有补中益气、滋养脾胃、强健筋骨的功效。酱牛肉鲜味浓厚，口感丰厚，经常被切成片状，当作下酒菜来食用。制作酱牛肉最好选择牛腰窝或牛前腱，不要焯肉，以免肉质变紧，不易入味。

——Monica

材料

牛腱子500克，黄酱50克，生抽少许，洋葱1/3个，葱姜蒜各少许，料包1个，老抽适量，冰糖72克，蚝油10克，泡好的香菇3个，香菜、芹菜各1根。

制作过程

1. 牛腱子浸泡2小时以去除血水；芹菜、香菜洗净；黄酱用生抽稀释；洋葱切碎。
2. 生抽、洋葱、葱姜蒜一起放入锅中，用小火翻炒片刻。
3. 锅中注水，放入料包、老抽和炒好的材料，放入其余材料，盖上盖，用中小火炖约3小时。
4. 炖好后关火，用余温闷至牛肉凉凉，冷藏后切片即可。

厨房笔记

料包里面一般包括八角、香叶、花椒等食材。牛肉煮好后，不要揭盖，自然凉凉后冷藏最佳，这样肉质不会干巴。

炸酱北豆腐

豆腐点得比较老的，为北豆腐。听说张家口地区有一个堡里的豆腐能用秤钩钩起来，扛着秤杆走几十里路。这是豆腐么？点得较嫩的是南豆腐。再嫩即为豆腐脑。比豆腐脑稍老一点的，有北京的“老豆腐”和四川的豆花。比豆腐脑更嫩的是湖南的水豆腐。豆腐压紧成形，是豆腐干。卷在白布层中压成大张的薄片，是豆腐片。东北叫干豆腐。压得紧而且更薄的，南方叫百页或千张。豆浆锅的表面凝结的一层薄皮撩起晾干，叫豆腐皮，或叫油皮。我的家乡则简单地叫作皮子。

豆腐最简便的吃法是拌。买回来就能拌。或入开水锅略烫，去豆腥气。不可久烫，久烫则豆腐收缩发硬。香椿拌豆腐是拌豆腐里的上上品。嫩香椿头，芽叶未舒，颜色紫赤，嗅之香气扑鼻，入开水稍烫，梗叶转为碧绿，捞出，揉以细盐，候冷，切为碎末，与豆腐同拌（以南豆腐为佳），下香油数滴。一箸入口，三春不忘。香椿头只卖得数日，过此则叶绿梗硬，香气大减。其次是小葱拌豆腐。北京有歇后语：“小葱拌豆腐——一青二白。”可见这是北京人家家都吃的小菜。拌豆腐特宜小葱，小葱嫩、香。葱粗如指，以拌豆腐，滋味即减。我和林斤澜在武夷山，住一招待所。斤澜爱吃拌豆腐，招待所每餐皆上拌豆腐一大盘，但与豆腐同拌的是青蒜。青蒜炒回锅肉甚佳，以拌豆腐，配搭不当。北京人有用韭菜花、青椒糊拌豆腐的，这是侉吃法，南方人不敢领教。而南方人吃的松花蛋拌豆腐，北方人也觉得岂有此理。这是一道上海菜，我第一次吃到却是在香港的一家上海饭馆里，是吃阳澄湖大闸蟹之前的一道凉菜。北豆腐、松花蛋切成小骰子块，同拌，无姜汁蒜泥，只少放一点盐而已。

——节选自汪曾祺《豆腐》

作为一个地道的北京人，打小儿对于炸酱有一种抹灭不掉的情感。无论是热挑儿的炸酱面，还是各种蔬菜蘸酱，都能吃得乐呵呵的，以至于逼着自己琢磨着各种吃炸酱的法子。今儿要介绍的这种炖豆腐，也是其中又好吃又好做的一种。给我5分钟，送你一锅美味。

——Monica

材料

北豆腐400克，猪肉馅200克，大葱1根，黄酱、香菜段、八角、盐、白糖、食用油各适量。

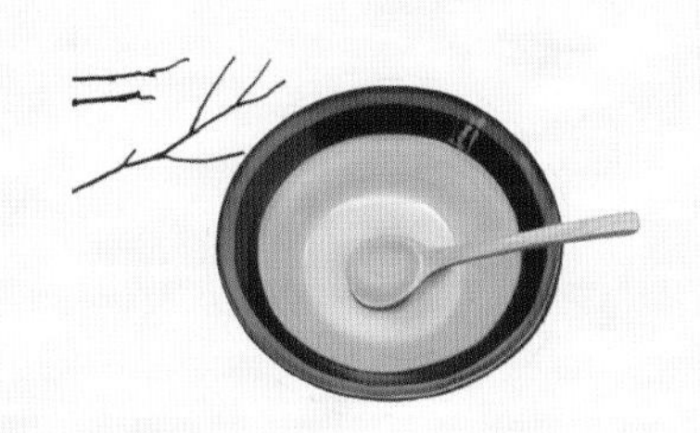

制作过程

1. 大葱用手撕成片，北豆腐用手掰成大块。
2. 把锅烧热，放入少量底油，待油烧热后放葱铺底，略微煎一下，待葱出香味微微变色，放入猪肉馅翻炒，片刻后放入黄酱，转小火熬酱，以免煳锅。
3. 锅内加入适量清水，能没过豆腐即可，根据自己的口味加入盐、白糖和八角，放入豆腐。
4. 盖上盖用小火慢炖10分钟，撒上香菜段，出锅即可。

厨房笔记

做这道菜尽量选用砂锅，炖出来的味道会更绵延。另外，豆腐一定要用手掰大块，才有北豆腐的豪迈感。

酸菜白肉

北平人家里吃白肉也有季节，通常是在三伏天。猪肉煮一大锅，瘦多肥少，切成一盘盘的端上桌来。煮肉的时候如果先用绳子把大块的肉五花大绑，紧紧捆起来，煮熟之后冷却，解开绳子用利刃切片，可以切出很薄很薄的大片，肥瘦凝固而不散。肉不宜煮得过火，用筷子戳刺即可测知其熟的程度。火候要靠经验，刀法要看功夫。要横丝切，顺丝就不对了。白肉没有咸味，要蘸酱油，要多加蒜末。川菜馆于蒜酱油之外，另备辣椒酱。如果酱油或酱浇在白肉上，便不对味。

——节选自梁实秋《白肉》

酸菜白肉是以酸菜和猪五花肉为主要食材的东北菜，口味酸香咸鲜，营养价值丰富，而且做法简单。酸菜中的白肉，常选五花肉，因五花肉肥瘦兼顾。酸菜配白肉肥而不腻，容易吸收，还有补充皮肤水分、美容健体之效。

——Monica

材料

酸菜360克，五花肉135克，八角1粒，桂皮2克，葱、姜各10克，生抽10毫升，食用油适量，料酒少许。

制作过程

1. 五花肉清洗后切成0.5厘米厚的肉片；酸菜洗净后切丝。
2. 热锅注油，放入葱、姜、八角、桂皮爆出香味，放入切好的五花肉，用中火煸炒，淋入少许料酒，继续煸炒至五花肉成熟，肉中的油分渗出，看到锅内底油变多。
3. 五花肉和葱、姜、八角、桂皮捞出，锅里留油，放入酸菜煸炒，加入生抽，准备炖锅，煸好的酸菜放入锅中，加入备好的热水。
4. 待锅开后，放入五花肉，用小火炖30～60分钟即可。

麻辣香锅

藕的吃法有知堂翁（注：即周作人）的《藕与莲花》及《藕的吃法》两文所举，此不赘述。我所熟悉的吃法是湖广熟食的几种。

家常的炒藕丝、炒藕片，是最常见的。其中一种作料断不可少，即生姜。切丝切末均可，最好在爆油时先下姜，再下藕；边炒边点水，使藕中黏液渗出，增其醇厚。还可以加入青椒丝或红椒丝，以添色味。这道菜要炒得脆甜清淡，方称佳膳。或者多加醋炒成醋熘藕，也是别具风味的一种吃法。我想山西朋友是会欢迎的。

另一种吃法则是切片夹肉裹以面粉糊或团粉糊油炸，馆子里叫炸藕夹，也叫藕盒。藕片须厚薄适中。夹肉用丸子肉或饺子馅均无不可。调面糊(或团粉糊)须稀稠合度，裹糊才恰到好处。“穿衣”太厚则蠢笨难看，不易炸透；太薄则挂不住浆，藕被炸干，失其酥甜。

小时候，邻室的安伯母正在堂屋里做此菜，我走过她顺手递给我两片。热“夹”现吃，那真是鲜美绝伦！几十年里，安伯母慈祥的样子总是跟藕夹一起存在于我的印象里，鲜明而深刻。近年卤炸店里亦卖此品，售价颇昂。亲手做过便知奥妙，其实用不了多少肉，一枚饺子的馅也就够夹一片藕盒了，成本并不太高。而且店卖品都是冷的，殊无风味。

——节选自程巢父《藕》

麻辣香锅由川渝地区麻辣风味融合而来，源于土家风味，是当地老百姓的家常做法，以麻、辣、鲜、香、油、混搭为特点。虽然麻辣香锅属于麻辣口味，但我这个不喜辣的人也是十分喜爱。

麻辣香锅一般是把一大锅菜一起用各种调味料炒起来吃，可以加入猪肉、海鲜、禽肉甚至野味，所搭配的菜品事先炸过或者过水煮过。肉类和配菜的鲜味，加上调料香味，混合起来以后，成就了“一锅香”。麻辣香锅味道十分美味，很受大众的喜爱。

——Monica

材料

藕片150克，肉丸、蘑菇各100克，虾6只，香菜段适量，洋葱1/2个，麻辣香锅调料1袋，大蒜8瓣，姜片适量，花椒5克，灯笼椒8根，白糖10克，食用油50毫升。

制作过程

1. 蘑菇浸泡后与藕片一同洗净，焯水断生；虾洗净后挑出虾线；洋葱切丝。
2. 锅中注油烧热，放入虾煎至八成熟，盛出；重新加油烧至五成热，放入花椒、姜片、洋葱、蒜瓣、灯笼椒与麻辣香锅调料炒香。
3. 其他食材倒入锅中翻炒5分钟，关火，放入白糖拌匀，撒上些许香菜段，盛盘即可。

厨房笔记

荤类食材不限于这几样，但需要提前加工下，如果直接下锅炒，耗时会比较久，因为材料不同，掌控起来也会比较困难。

清炒虾仁

虾不在大，大了反倒不好吃。龙虾一身铠甲，须爪戟张，样子十分威武多姿，可是剥出来的龙虾肉，只适合做沙拉，其味不过尔尔。大抵咸水虾，其味不如淡水虾。

虾要吃活的，有人还喜活吃。西湖楼外楼的“炝活虾”，是在湖中用竹篓养着的，临时取出，欢蹦乱跳，剪去其须吻足尾，放在盘中，用碗盖之。食客微启碗沿，以箸挟取之，在旁边的小碗酱油麻油醋里一蘸，送到嘴边用上下牙齿一咬，像嗑瓜子一般，吮而食之。吃过把虾壳吐出，犹咕咕嚷嚷地在动。有时候嫌其过分活跃，在盘里泼进半杯烧酒，虾乃颓然醉倒。据闻有人吃活虾不慎，虾一跃而戳到喉咙里，几致丧生。生吃活虾不算稀奇，我还看见过有人生吃活螃蟹呢！

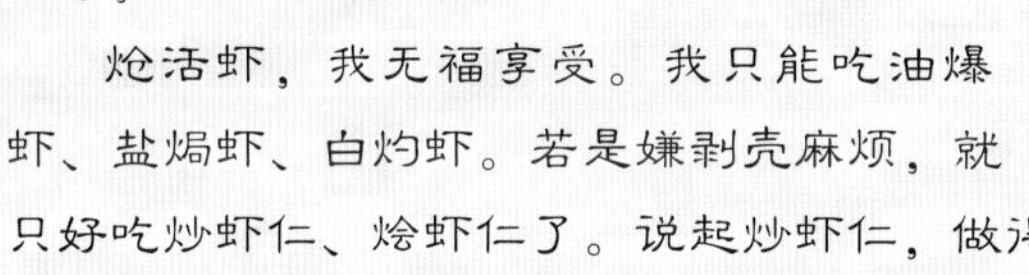

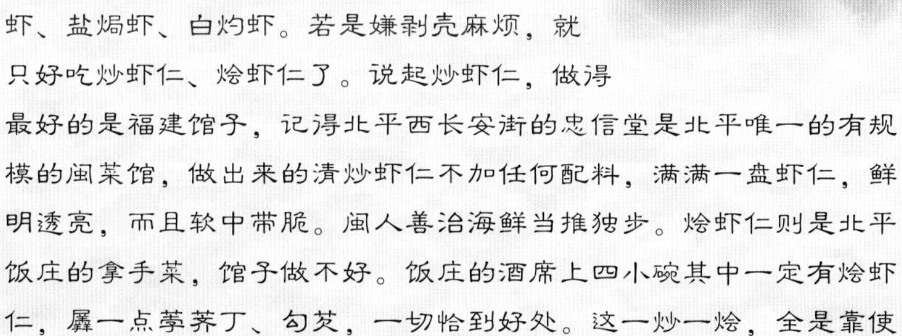

炝活虾，我无福享受。我只能吃油爆虾、盐焗虾、白灼虾。若是嫌剥壳麻烦，就只好吃炒虾仁、烩虾仁了。说起炒虾仁，做得最好的是福建馆子，记得北平西长安街的忠信堂是北平唯一的有规模的闽菜馆，做出来的清炒虾仁不加任何配料，满满一盘虾仁，鲜明透亮，而且软中带脆。闽人善治海鲜当推独步。烩虾仁则是北平饭庄的拿手菜，馆子做不好。饭庄的酒席上四小碗其中一定有烩虾仁，羼一点荸荠丁、勾芡，一切恰到好处。这一炒一烩，全是靠使油及火候，灶上的手艺一点也含糊不得。

虾仁剁碎了就可以做炸虾球或水晶虾饼了。不要以为剁碎了的虾仁就可以用不新鲜的剩货充数，瞒不了知味的吃客。吃馆子的老主顾，堂倌也不敢怠慢，时常会用他的山东腔说：“二爷！甭起虾夷儿了，虾夷儿不信香。”（不用吃虾仁了，虾仁不新鲜。）堂倌和吃客合作无间。

——节选自梁实秋《水晶虾饼》

先生是出了名的爱吃虾，所以我也变着法子地做各种虾。清炒虾仁属于比较清淡的一种吃法，食材不复杂，5分钟即可上桌。

——Monica

材料

鲜虾250克，黄瓜半根，鸡蛋清少许，盐1克，料酒、玉米淀粉、葱、姜、食用油、水淀粉各适量。

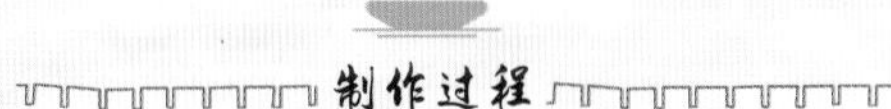

制作过程

1. 鲜虾去壳，挑出虾线；黄瓜、姜切片；葱切成小段。
2. 虾仁用纸巾吸干水分，放入盐、料酒、鸡蛋清和玉米淀粉，抓匀上浆，腌制5分钟。
3. 锅中注油，虾仁放入锅中炸至表面泛黄，捞出备用。
4. 在炒锅中加入新油，放入葱段、姜片爆香，放入炸好的虾仁、黄瓜片翻炒，出锅前用水淀粉勾芡即可。

厨房笔记

虾仁事先腌制更能入味，加入玉米淀粉给虾仁上浆，可以让虾仁口感更滑嫩。

油焖大虾

台湾叫大虾，华南叫明虾，华北叫对虾，这种虾除了不近鱼腥的人以外，大概没有人不爱吃的。故都美食专家谭篆青说："海味里除了鱼翅鲍鱼之外，最爱吃对虾。中国从东北到闽粤，整条海岸都出产鱼虾海味，气温低水越凉，鱼虾鳞介的纤维组织就越细润，鲜度也就越浓郁，所以天津、烟台一带所产的对虾，虽然也都鲜嫩适口，可是跟关外营口的对虾一比，吃到嘴里，味觉上就有所不同了。"篆青说这话的时候，我还没吃过营口的对虾是什么滋味，可是每年到了对虾季，平津大小饭馆所做的炸烹对虾、红烧虾段、虾片炒豌豆，甚至于北平红柜子卖熏鱼附带卖的熏对虾，都是佐餐下酒的无上美味。

——节选自唐鲁孙《对虾》

夏天来了，餐桌上怎么能少得了油焖大虾呢？油焖大虾使用鲁菜特有的油焖技法，鲜香甜咸，回味无穷。

——Monica

材料

鲜虾500克，大葱1/3段，鲜姜片3片，生抽8毫升，老抽少许，米醋5毫升，盐少许，糖、食用油各适量。

制作过程

1. 鲜虾洗净，开背，挑出虾线，锅中放油，烧热后将鲜虾煎至变色。

2. 锅中留油，放入姜片、少许大葱段煸炒出香味，倒入煎好的虾，加入生抽及少许老抽煸炒。

3. 放入少量水，盖上盖焖煮5分钟，出锅前放入剩余大葱段，加入米醋、糖、盐，盖上盖，关火，用锅的余温闷2分钟，将葱的香味儿带出即可。